LA SEINE

ÉTUDES HYDROLOGIQUES

RÉGIME DE LA PLUIE, DES SOURCES, DES EAUX COURANTES

APPLICATIONS A L'AGRICULTURE

PAR

M. BELGRAND

MEMBRE DE L'INSTITUT, INSPECTEUR GÉNÉRAL DES PONTS ET CHAUSSÉES
DIRECTEUR DES EAUX ET DES ÉGOUTS DE PARIS
ET DU SERVICE HYDROMÉTRIQUE DU BASSIN DE LA SEINE

ATLAS

PARIS
DUNOD, ÉDITEUR
LIBRAIRE DES CORPS DES PONTS ET CHAUSSÉES ET DES MINES
49, QUAI DES AUGUSTINS, 49

1875

PARIS. — IMP. SIMON RAÇON ET COMP., RUE D'ERFURTH, 1

LA SEINE

ÉTUDES HYDROLOGIQUES

INDEX DES PLANCHES

Observations pluviométriques. — Les observations pluviométriques sont divisées par années et par bassins des grands affluents, la Seine proprement dite, l'Yonne, la Marne et l'Oise.

Elles commencent en 1861, et se terminent en 1869. Elles se continuent encore aujourd'hui, mais les feuilles, à partir de 1870, n'étaient pas prêtes lorsque l'impression de ce livre a été commencée.

La pluie est représentée, chaque jour, par un trait noir ayant la moitié de la hauteur observée, exprimée en millimètres.

Observations hydrométriques. — Il y a, pour chaque année, deux planches : l'une, des observations sur les petits cours d'eau; l'autre, des observations sur les grands cours d'eau.

Chaque planche d'observations sur les petits cours d'eau comprend, dans sa partie supérieure, les courbes des variations de niveau des cours d'eau à versants imperméables, que j'appelle *torrents*, parce que leurs crues sont violentes et de courte durée.

Dans la partie inférieure, se trouvent les courbes des variations de niveau des cours d'eau à versants perméables, que j'appelle *cours d'eau tranquilles*, parce que leurs crues montent lentement et sont de longue durée.

La feuille d'observations sur les grands cours d'eau se divise également en deux parties : la première comprend les grands affluents situés en amont de Paris. On y voit très-nettement comment, en aval de Montereau, les cours d'eau tranquilles soutiennent les crues des rivières torrentielles, et comment les crues croissent, d'une manière pour ainsi dire indéfinie, sous l'action de phénomènes météorologiques successifs.

La seconde partie comprend les courbes des variations de niveau de la Seine à l'aval de Paris. C'est à partir de Paris que les crues de la Seine prennent leur forme définitive; l'Oise et son affluent l'Aisne ne les modifient pas.

Entre ces deux séries de figures se trouvent les courbes des températures et des titres hydrotimétriques de l'eau de la Seine à Paris : les maxima et les minima de cette dernière courbe sont inverses de ceux des crues.

TABLEAUX DES HAUTEURS MENSUELLES ET ANNUELLES DE PLUIE

DE 1859 A 1869

CARTES

N° 1 Carte hydrologique (coloriée).	N° 2 Carte des stations d'observations.

FEUILLES D'OBSERVATIONS PLUVIOMÉTRIQUES

3	1861	Bassin de la Seine. Commencement du bassin de l'Yonne.	5	1862	Bassin de la Seine. Commencement du bassin de l'Yonne.
4		Fin du bassin de l'Yonne. Bassin de l'Oise.	6		Fin du bassin de l'Yonne. Bassin de l'Oise.

N°s	Année	Feuille
7	1863	Bassin de la Seine.
8		Bassin de l'Yonne.
9		Fin du bassin de l'Yonne. Bassin de l'Oise.
10	1864	Bassin de la Seine.
11		Bassin de l'Yonne.
12		Bassin de la Marne. Bassin de l'Oise.
13	1865	Bassin de la Seine.
14		Bassin de l'Yonne.
15		Bassin de la Marne. Bassin de l'Oise.
16	1866	Bassin de la Seine.
17		Bassin de la Seine (suite).
18		Bassin de l'Yonne.
19		Bassin de l'Yonne (suite).
20		Bassin de la Marne.
21		Bassin de l'Oise.
22	1867	Bassin de la Seine.
23		Bassin de la Seine (suite).
24		Bassin de l'Yonne.
N°s 25	1867	Bassin de l'Yonne (suite).
26		Bassin de la Marne.
27		Bassin de l'Oise.
28	1868	Bassin de la Seine.
29		Bassin de la Seine (suite).
30		Bassin de la Seine (suite).
31		Bassin de l'Yonne.
32		Bassin de l'Yonne (suite).
33		Bassin de la Marne.
34		Bassin de l'Oise.
35	1869	Bassin de la Seine.
36		Bassin de la Seine (suite).
37		Bassin de la Seine (suite).
38		Bassin de l'Yonne.
39		Bassin de l'Yonne (suite).
40		Bassin de la Marne.
41		Bassin de l'Oise.

FEUILLES D'OBSERVATIONS HYDROMÉTRIQUES

N°s	Années	Feuille
42	1854 - 1855	Petits cours d'eau.
43		Grands cours d'eau.
44	1855 - 1856	Petits cours d'eau.
45		Grands cours d'eau.
46	1856 - 1857	Petits cours d'eau.
47		Grands cours d'eau
48	1857 - 1858	Petits cours d'eau.
49		Grands cours d'eau.
50	1858 - 1859	Petits cours d'eau.
51		Grands cours d'eau.
52	1859 - 1860	Petits cours d'eau.
53		Grands cours d'eau.
54	1860 - 1861	Petits cours d'eau.
55		Grands cours d'eau.
56	1861 - 1862	Petits cours d'eau.
57		Grands cours d'eau.
58	1862 - 1863	Petits cours d'eau.
59		Grands cours d'eau.
60	1863 - 1864	Petits cours d'eau.
61		Grands cours d'eau.
62	1864 - 1865	Petits cours d'eau.
63		Grands cours d'eau.
64	1865 - 1866	Petits cours d'eau.
65		Grands cours d'eau.
66	1866 - 1867	Petits cours d'eau.
67		Grands cours d'eau.
68	1867 - 1868	Petits cours d'eau.
69		Grands cours d'eau.
70	1868 - 1869	Petits cours d'eau.
71		Grands cours d'eau.
72	1869 - 1870	Petits cours d'eau.
73		Grands cours d'eau

ERRATA DE L'ATLAS

Pl. n° 3 et 5 : *pour avoir les véritables hauteurs de pluie de Chateau-Chinon, multipliez par* 2,50 *les hauteurs de la figure, exprimees en millimètre.*

Pl. n° 8 : *écrivez les noms des mois en tête des colonnes, comme aux autres planches.*

Pl. n° 9, 2e colonne, *au lieu de* : St-Martin (Nièvre), *lisez* : St-Martin (près de Sens).

Pl. n° 10, 11, 12, 16, 19, 20, 21, 23, 24, 26, 27 : *effacez la ligne imprimée en marge le long de la colonne* n° 1, *commençant par ces mots* : Les moyennes des hauteurs et des nombres de jours de pluie, *etc.*

Pl. n° 28, 29, 33, 34, 35, 36, 37, 38, 39 et 40 : *rétablissez cette ligne, qui a été omise à tort.*

Pl. n° 11, en bas : *effacez les mots* : variations dues aux écluses.

Pl. n° 37, 2e colonne : *au lieu de* : Fatouville Harfleur, *lisez* : Fatouville près de Harfleur.

Pl. n° 43, au milieu, colonne n° 7, *au lieu de* : degré de l'hydrotimétrique, *lisez* : degré de l'hydrotimètre.

Pl. n° 57, dans le titre, *au lieu de* : 18561, *lisez* : 1861.

Pl. n° 73, milieu de la page, *à partir du 1er août, supprimez la courbe des titres hydrotimétriques.*

HAUTEURS DE PLUIE TOMBÉE PAR MOIS ET PAR ANNÉE DANS LE BASSIN DE LA SEINE

L'UNITÉ EST LE MILLIMÈTRE

Les stations marquées d'une astérisque ont leurs pluviomètres établis sur des toits et donnent des résultats trop faibles. La plupart sont pourvues aujourd'hui de pluviomètres de comparaison, établis dans de bonnes positions.
La petite carte de l'atlas donne la situation exacte des différentes stations.
Le total inscrit pour l'année a été obtenu en tenant compte des décimales supprimées pour les hauteurs mensuelles.
Les hauteurs de pluies sont exprimées en nombres entiers de millimètres.

STATIONS	1859 Janvier	Février	Mars	Avril	Mai	Juin	Juillet	Août	Septembre	Octobre	Novembre	Décembre	Total	Nombre de jours	1860 Janvier	Février	Mars	Avril	Mai	Juin	Juillet	Août	Septembre	Octobre	Novembre	Décembre	Total	Nombre de jours
BASSIN DE LA SEINE PROPREMENT DIT																												
Chaumeaux	34	35	22	101	143	124	43	63	120	108	90	70	967	»	122	75	114	81	72	163	97	205	121	90	68	150	1537	»
Vendeuvre	34	24	25	65	92	80	22	28	65	90	52	47	578	»	77	54	77	48	63	97	60	91	87	82	44	81	809	»
Barberey* près Troyes	17	14	11	49	101	47	47	48	51	45	31	27	487	»	49	29	38	25	62	100	45	50	61	51	41	34	530	»
Paris : la Villette	28	18	24	41	65	66	34	40	75	92	45	60	607	186	64	31	51	55	68	42	97	91	88	35	27	74	759	208
— [illegible] Ménilmontant	16	16	16	37	65	89	41	56	85	107	46	56	608?	152?	41	41	33	59	65	41	98	80	78	56	28	74	665?	183?
— Passy	25	19	14	42	57	100	35	24	65	77	55	56	544	156	54	36	32	50	59	38	68	67	91	47	23	97	605	192
— Monceau	34	17	25	41	60	79	40	25	77	86	57	65	575	155	60	45	49	58	34	56	67	74	95	48	24	68	634	174
— Vaugirard	20	18	17	45	66	87	51	25	74	85	57	56	587	154	65	50	45	52	34	46	84	70	85	55	26	58	654	174
— Saint-Victor	28	19	29	44	64	75	46	36	83	110	44	60	626	170	60	45	45	36	64	45	96	79	80	58	30	74	715	224?
— Panthéon	34	21	18	44	65	71	42	36	78	109	44	71	657	171	67	45	40	41	65	40	92	80	69	62	30	62	689	189
Fatouville près Honfleur	64	47	56	94	71	114	15	65	122	75	109	140	940	»	122	50	90	78	115	107	40	118	95	95	48	96	1100	»
BASSIN DE L'YONNE																												
Les Settons	134	72	57	174	204	131	17	31	125	164	274	100	1581	»	318	179	189	96	88	172	132	250	196	178	129	257	2212	»
Château-Chinon (corrigé)	91	84	54	142	170	95	24	56	105	165	135	108	1202	»	205	51	252	74	90	182	80	176	140	88	91	192	1580	»
Saulieu	65*	56	29	91	102	97	21	31	72	131	146	100	950	»	201	121	105	75	70	132	52	192	72	109	80	147	1552	»
Pouilly	35	43	24	70	115	139	10	25	74	91	67	81	767	»	122	45	55	80	54	144	54	138	130	72	52	113	1017	»
Grosbois	31	46	30	60	114	108	55	22	631	101	66	76	761	»	155	59	46	74	37	111	60	152	127	67	47	109	1026	»
La Colancelle	27	20	22	40	81	95	5	26	50	119	85	60	654	»	125	73	70	57	82	120	57	92	111	42	57	128	1000	»
Pannetière près Montreuillon	54	46	35	74	175	57	14	22	75	98	95	85	824	»	151	91	88	30	74	125	82	120	122	46	72	117	1156	»
Clamecy	48	19	25	74	73	43	28	67	82	88	73	65	685	»	100	61	63	44	55	132	42	81	71	47	45	120	865	»
Vézelay	61	27	36	82	112	66	16	50	88	89	88	77	790	»	110	69	62	40	74	120	19	78	89	60	39	122	941	»
Avallon	52	25	12	50	80	41	6	46	88	95	68	60	545	»	95	62	92	70	49	102	35	84	83	36	41	97	781	»
Théuisey*	45	58	19	73	105	155	24	52	87	74	79	56	801	»	102	64	63	98	52	154	65	145	122	83	49	128	1069	»
Montbard	48	58	21	70	95	88	0	68	105	64	70	51	717	»	101	70	62	60	70	112	67	102	105	73	60	105	1000	»
Toucy	81	54	7	50	46	31	22	49	38	53	129	52	640	»	146	82	93	55	59	64	37	79	48	62	48	75	850	»
Auxerre	40	21	27	31	85	38	55	94	98	50	85	48	605	»	98	34	62	61	94	85	60	69	75	51	55	136	882	»
Chablis*	31?	15	16	40	101	69	22	52	69	55	70	47	586	»	73	45	54	55	66	90	51	58	58	45	30	102	644	»
Tonnerre	44	16	22	60	96	84	24	41	72	61	78	48	614	»	72	95	28	56	78	91	45	69	58	65	54	116	748	»
Laroche	45	25	21	47	56	54	40	42	70	74	73	59	615	»	»	»	44	52	»	96	50	68	81	55	40	100	717?	»
Saint-Martin près Sens	38	22	25	64	47	48	48	59	71	104	50	30	597	»	78	44	63	34	30	81	116	39	80	62	51	74	806	»
BASSIN DE LA MARNE																												
Dampange-aux-Eaux	50	41	15	85	111	128	»	»	»	»	»	»	»	»	»	»	»	»	»	»	»	»	»	»	»	»	»	»
Bar-le-Duc*	60	55	52	66	70	64	55	28	81	81	56	81	692	»	113	62	99	48	82	122	45	108	80	136	62	150	1090	»
La Neuville* près St-Dizier	47	27	22	55	96	09	68	18	72	09	55	71	680	»	57	46	78	38	57	98	72	104	50	86	67	95	884	»
Vitry-le-François*	52	21	22	57	64	84	10	18	57	66	51	01	508	»	62	58	15	55	06	73	65	101	56	85	47	72	832	»
Reims*	12	11	9	34	53	60	28	30	65	55	27	28	410	»	36	25	21	30	36	51	64	79	170	54	39	116	710	»
BASSIN DE L'OISE																												
Hirson*	50	52	36	64	66	84	26	65	117	65	71	91	708	»	75	57	66	66	55	62	49	112	73	63	94	47	780	»
Berry-au-Bac*	11	15	11	28	53	76	30	36	80	42	34	36	449	»	35	27	27	24	50	54	40	94	46	40	18	31	486	»

HAUTEURS DE PLUIE TOMBÉE PAR MOIS ET PAR ANNÉE DANS LE BASSIN DE LA SEINE

L'UNITÉ EST LE MILLIMÈTRE

1861

STATIONS	JANVIER	FÉVRIER	MARS	AVRIL	MAI	JUIN	JUILLET	AOUT	SEPTEMBRE	OCTOBRE	NOVEMBRE	DÉCEMBRE	TOTAL	NOMBRE DE JOURS
BASSIN DE LA SEINE PROPREMENT DIT														
Chanceaux	11	10	130	3	45	96	80	37	30	18	125	48	677	80
Châtillon-sur-Seine	8	13	70	25	50	40	76	32	38	14	113	31	500	153
Bar-sur-Seine	»	»	101	14	52	90	97	41	40	15	125	30	»	»
Vendeuvre	15	15	83	13	22	81	85	32	33	13	115	30	535	98
Chaumesnil* près Brienne	11	11	40	18	20	84	85	57	34	20	114	24	500	120
Barberey* près Troyes	4	10	37	15	21	90	89	10	33	6	87	40	360	94
Melun*	10	21	43	20	9	73	89	0	63	11	44	50	415	96
Courbeton* (Montereau)	7	56	64	14	25	18	»	27	177	12	107	31	»	»
Paris : Observatoire Météorologique	13	26	55	19	29	101	120	4	41	17	53	16	494	121
— la Villette	5	18	56	24	36	81	127	12	45	16	69	22	500	142
— Passy	2	17	58	16	43	63	114	0	47	11	54	13	438	122
— Monceau	4	19	60	21	46	64	98	1	41	12	55	15	430	110
— Vaugirard	4	27	62	20	24	56	70	0	32	18	54	20	390	115
— Saint-Victor	6	23	58	21	34	99	118	6	50	10	58	24	514	135
— Panthéon	7	27	61	28	53	98	110	7	53	17	63	21	556	142
Conflans-sur-Seine* (Marne)	0	9	34	14	20	96	60	31	56	12	70	12	407	79
Fatouville près Honfleur	9	40	85	5	45	106	96	24	75	18	165	54	704	187
BASSIN DE L'YONNE														
Les Settons	49	47	220	46	64	147	187	38	144	31	512	136	1504	125
Château-Chinon (corrigé)	40	40	91	35	27	100	138	20	80	27	145	55	805	97
Saulieu	8	24	162	21	40	70	127	52	59	18	134	151	865	110
Pouilly	8	10	78	26	44	61	96	18	44	18	88	27	657	121
Grosbois	8	10	80	28	43	106	91	16	64	15	99	20	609	112
La Colancelle	4	40	60	29	35	90	100	24	46	23	117	30	625	105
Pannecière près Montreuillon	12	41	85	20	48	74	96	18	64	25	135	39	685	128
Clamecy	8	30	50	12	28	107	64	40	42	20	115	28	555	128
Vézelay	4	28	68	11	32	90	75	41	50	22	134	54	581	106
Avallon	5	21	70	»	30	80	68	27	34	14	68	22	476	82
Thénissey* près Terrey	7	14	67	19	50	87	81	28	40	14	105	24	550	105
Venarey	»	»	»	»	»	»	»	»	»	»	»	»	»	»
Montbard	13	13	85	24	45	58	59	53	30	8	115	34	540	115
Toucy	6	16	42	15	9	55	65	20	57	24	120	36	440	67
Auxerre	4	17	53	18	33	113	97	25	52	18	112	35	377	98
Chablis*	5	6	58	10	21	91	75	25	30	13	97	10	440	101
Tonnerre	25	16	62	11	54	96	87	23	58	18	145	33	596	»
Laroche	7	17	60	11	25	58	78	20	30	8	98	20	457	117
Joigny	4	17	74	7	28	80	77	20	27	14	110	20	480	93
Sens*	11	34	57	13	24	79	54	14	31	20	85	23	476	118
Saint-Martin près Sens	6	32	62	16	10	64	62	14	56	18	91	12	452	120
Châtillon-en-Bazois (Nièvre)	7	47	102	32	51	107	100	30	64	24	120	29	722	110
BASSIN DE LA MARNE														
Demange-aux-Eaux	»	»	»	»	»	»	»	23	53	17	178	58	»	»
Bar-le-Duc*	20	30	101	16	26	87	97	38	92	25	182	42	767	»
La Neuville près St-Dizier*	14	28	65	12	16	68	89	40	46	19	125	30	558	»
Vitry-le-François	8	22	32	17	21	78	77	20	75	11	86	52	497	»
Reims*	»	»	»	16	16	41	52	10	»	»	»	25	»	»
BASSIN DE L'OISE														
Hirson*	10	41	69	17	44	73	150	28	85	9	70	59	652	134
Laon	6	36	62	18	52	74	110	51	60	17	62	27	578	135
Berry-au-Bac*	5	19	55	11	20	41	68	2	44	16	47	16	525	112
Venette* (Compiègne)	7	24	42	8	14	90	67	21	30	13	58	11	567	100
Beauvais*	3	50	66	6	86	98	99	14	31	25	60	15	544	113
Pontoise*	2	54	50	18	57	94	95	5	11	4	37	16	450	102

1862

STATIONS	JANVIER	FÉVRIER	MARS	AVRIL	MAI	JUIN	JUILLET	AOUT	SEPTEMBRE	OCTOBRE	NOVEMBRE	DÉCEMBRE	TOTAL	NOMBRE DE JOURS
BASSIN DE LA SEINE PROPREMENT DIT														
Chanceaux	130	27	76	4	62	105	155	107	58	98	46	74	918	91
Châtillon-sur-Seine	67	10	98	2	54	47	89	94	39	93	36	51	610	105
Bar-sur-Seine	85	21	68	9	92	102	111	150	71	137	44	87	966	135
Vendeuvre	16	22	55	11	85	68	73	309	79	71	70	71	940	125
Chaumesnil* près Brienne	59	10	92	31	60	29	79	117	72	65	30	60	732	14
Barberey* près Troyes	33	8	32	28	38	55	58	50	43	50	20	30	480	128
Melun*	34	7	65	15	47	61	41	140	29	58	14	31	521	112
Courbeton* (Montereau)	73	5	57	38	77	90	81	128	50	120	18	52	790	108
Paris : Observatoire Météorologique	36	11	51	23	65	62	57	55	70	30	25	40	540	133
— la Villette	30	18	67	50	70	66	38	90	67	64	23	48	608	184
— Passy	26	9	73	23	37	70	47	48	63	46	17	38	498	118
— Monceau	30	8	79	22	39	71	19	48	69	54	10	30	527	114
— Vaugirard	21	6	82	17	41	46	51	49	78	40	16	27	434	115
— Saint-Victor	35	10	74	25	79	68	57	68	80	57	34	51	627	187
— Panthéon	38	7	76	24	69	71	35	35	74	55	22	41	577	140
Conflans-sur-Seine* (Marne)	31	4	33	15	58	53	57	60	42	46	10	25	435	81
Fatouville près Honfleur	76	25	106	22	105	58	69	79	52	117	22	14	852	202
BASSIN DE L'YONNE														
Les Settons	300	34	137	10	119	116	134	146	122	106	84	226	1679	171
Château-Chinon (corrigé)	115	40	56	8	98	101	100	146	70	110	60	122	1045	87
Saulieu	157	31	55	9	56	80	102	117	85	150	56	112	1017	131
Pouilly	61	18	77	15	87	60	88	118	42	58	55	65	721	139
Grosbois	65	14	68	11	69	70	85	100	31	70	59	42	659	131
La Colancelle	80	8	76	10	65	78	68	94	65	81	17	70	754	120
Pannecière près Montreuillon	100	28	76	14	68	76	78	106	90	89	55	105	815	171
Clamecy	75	22	60	18	61	78	70	68	60	74	30	52	680	138
Vézelay	79	33	66	9	71	77	105	98	62	94	47	64	805	133
Avallon	60	23	43	8	68	72	57	76	85	61	32	49	635	107
Thénissey* près Terrey	72	32	63	25	58	75	98	97	56	68	30	52	690	150
Venarey	111	26	88	4	76	90	12	81	26	91	40	65	710	98
Montbard	68	27	76	4	19	70	8	90	32	82	35	61	611	132
Toucy	134	5	114	26	64	96	58	27	29	60	71	87	781	85
Auxerre	75	14	65	19	64	82	81	41	30	84	31	52	614	101
Chablis*	70	12	46	4	45	75	122	78	68	65	20	57	690	128
Tonnerre	80	25	55	5	61	75	100	104	47	76	44	60	747	144
Laroche	57	14	31	16	74	81	82	73	52	73	26	60	658	145
Joigny	65	6	53	13	65	74	100	63	20	56	32	52	604	107
Sens*	81	14	52	13	90	78	64	70	30	75	58	50	810	164
Saint-Martin près Sens	59	25	46	14	81	64	68	45	34	78	52	55	600	137
Châtillon-en-Bazois (Nièvre)	104	30	108	10	48	124	78	85	75	70	51	90	838	130
BASSIN DE LA MARNE														
Demange-aux-Eaux	136	18	44	32	61	68	90	62	37	132	42	80	810	»
Bar-le-Duc*	120	28	65	43	94	103	108	70	41	100	48	98	927	»
La Neuville près St-Dizier*	68	25	53	30	51	90	128	60	45	71	18	60	680	»
Vitry-le-François	46	20	47	13	84	84	70	69	55	72	37	68	671	»
Reims*	»	»	30	11	52	53	94	87	58	65	24	30	»	»
BASSIN DE L'OISE														
Hirson*	102	13	51	54	67	77	104	65	51	101	24	95	784	165
Laon	83	7	47	22	57	60	101	48	97	83	19	60	681	150
Berry-au-Bac*	58	8	27	10	47	30	51	40	49	46	15	27	394	119
Venette* (Compiègne)	32	6	42	25	33	60	73	48	78	45	12	33	483	116
Beauvais*	30	6	39	19	41	48	80	76	67	62	13	40	650	150
Pontoise*	25	8	77	22	35	59	87	73	40	52	10	52	518	100

HAUTEURS DE PLUIE TOMBÉE PAR MOIS ET PAR ANNÉE DANS LE BASSIN DE LA SEINE

L'UNITÉ EST LE MILLIMÈTRE

1863

STATIONS	JANVIER	FÉVRIER	MARS	AVRIL	MAI	JUIN	JUILLET	AOUT	SEPTEMBRE	OCTOBRE	NOVEMBRE	DÉCEMBRE	TOTAL	NOMBRE DE JOURS
BASSIN DE LA SEINE PROPREMENT DIT														
Chanceaux	100	7	59	41	50	107	24	120	125	127	79	77	924	87
Châtillon-sur-Seine	30	6	55	28	51	72	28	99	104	100	49	86	667	130
Bar-sur-Seine	87	14	79	50	30	200	15	159	128	130	70	127	1085	127
Vendeuvre	60	16	55	51	57	157	26	105	95	108	64	77	821	122
Chamesoil* près Brienne	49	11	45	33	36	84	16	65	60	67	57	52	500	110
Barberey* près Troyes	25	8	22	17	67	17	28	51	36	53	25	29	427	100
Melun*	35	0	28	15	36	40	15	18	41	64	27	14	349	136
Courbeton* (Montereau)	56	10	48	23	54	120	40	34	95	109	76	78	742	105
Châlons-sur-Marne* (Marne)	27	5	17	19	51	14	21	43	44	43	31	28	549	85
Paris : abattoir Ménilmontant	34	6	28	12	56	58	16	21	65	68	43	43	149	104
— La Villette	42	9	30	14	68	61	18	21	73	85	48	34	522	138
— Passy	39	8	21	11	37	59	17	18	57	77	35	37	415	101
Monceau	36	4	21	17	37	60	15	18	62	78	45	41	432	108
— Vaugirard	40	9	26	40	39	47	19	18	50	71	44	42	412	125
— Saint-Victor	42	14	20	12	34	64	22	24	65	82	47	48	475	135
— Panthéon	51	11	31	15	55	51	24	26	66	77	51	43	457	130
Fatouville près Honfleur	56	19	36	20	17	80	24	62	109	93	86	62	650	182
Rouen	»	»	»	»	»	»	»	»	»	»	»	»	»	»
BASSIN DE L'YONNE														
Les Settons	177	46	90	70	74	105	20	150	246	162	161	101	1501	120
Château-Chinon (Corcelle)	90	11	28	49	62	145	14	115	150	155	138	110	1008	74
Saulieu	112	6	77	44	51	117	10	190	181	158	67	95	1090	110
Pouilly	66	7	42	58	10	101	9	129	97	119	60	46	702	121
Grosbois	50	6	50	34	45	109	12	125	117	108	65	54	771	110
La Collancelle	50	8	56	52	28	104	12	90	99	112	56	60	717	111
Lancelière près Montreuillon	60	16	40	50	44	84	12	76	102	105	58	78	755	147
Clamecy	48	4	51	40	55	96	42	101	78	104	52	48	717	150
Vézelay	60	9	44	56	40	87	44	82	84	102	47	62	716	106
Avallon	55	6	27	58	27	64	24	84	77	91	50	48	591	84
Thérissey* près Terrey	86	6	42	40	38	96	20	145	116	131	56	60	802	113
Marigny-le-Cahouet	»	»	»	»	»	»	»	»	»	»	»	»	»	»
Venarey	100	14	50	65	45	135	25	140	130	118	57	67	912	92
Montbard	69	9	52	46	57	92	17	48	76	84	32	54	616	118
Toucy	120	4	64	67	48	65	25	56	95	98	118	118	879	91
Auxerre	51	8	61	53	47	126	45	91	60	96	58	57	732	94
Chablis*	54	8	50	56	70	166	56	48	79	72	65	61	665	129
Tonnerre	73	7	45	27	51	172	87	78	87	83	61	67	769	119
Laroche	43	10	45	45	62	105	55	115	66	60	50	54	697	158
Joigny	42	7	51	51	37	115	34	77	79	83	5	58	648	100
Sens*	37	12	40	22	60	75	27	42	59	70	44	50	555	158
Saint-Martin près Sens	40	12	44	21	65	82	51	46	69	72	49	55	576	113
BASSIN DE LA MARNE														
Damougo-aux-Eaux	84	44	59	81	46	115	52	96	97	104	62	62	856	»
Bar-le-Duc*	85	22	61	66	53	115	29	95	111	94	73	85	918	»
La Neuville* près St-Dizier	60	14	41	48	50	131	21	72	112	75	67	48	745	»
Vitry-le-François	54	15	51	21	65	58	92	81	109	61	49	52	612	»
Sommesous*	»	»	»	»	»	»	»	»	»	»	»	»	»	»
Reims*	36	9	25	15	35	72	19	15	55	35	55	20	344	»
BASSIN DE L'OISE														
Hirson*	70	24	57	21	77	73	25	44	100	85	74	95	689	145
Laon	50	19	34	51	46	46	40	32	85	57	81	56	631	145
Berry-au-Bac*	40	7	47	36	72	37	37	25	50	41	27	18	501	108
Venette* (Compiègne)	29	9	19	51	52	41	22	95	52	51	27	22	350	100
Beauvais*	58	7	27	25	80	57	21	25	41	98	51	39	505	106
Pontoise*	21	8	19	0	10	18	4	18	47	71	40	27	280?	77

1864

STATIONS	JANVIER	FÉVRIER	MARS	AVRIL	MAI	JUIN	JUILLET	AOUT	SEPTEMBRE	OCTOBRE	NOVEMBRE	DÉCEMBRE	TOTAL	NOMBRE DE JOURS
BASSIN DE LA SEINE PROPREMENT DIT														
Chanceaux	27	53	61	35	62	138	62	64	111	57	91	22	812	83
Châtillon-sur-Seine	28	42	69	32	67	119	30	59	54	51	75	11	617	142
Bar-sur-Seine	31	57	101	62	84	150	58	86	95	15	47	19	784	108
Vendeuvre	26	40	85	38	57	115	64	95	88	27	78	27	735	124
Chamesoil* près Brienne	18	31	59	17	45	105	40	71	84	22	62	14	570	115
Barberey* près Troyes	9	19	35	11	25	62	22	60	51	11	56	11	349	89
Melun*	17	9	30	6	74	60	31	55	57	18	17	12	371	87
Courbeton* (Montereau)	34	24	60	17	65	95	38	90	19	20	49	15	579	95
Châlons-sur-Marne* (Marne)	9	15	24	4	34	40	20	36	52	17	40	6	295?	88
Paris : abattoir Ménilmontant	23	17	50	11	30	61	11	52	48	40	35	5	358?	84?
— La Villette	28	25	47	18	34	80	65	56	32	36	58	7	505	138
— Passy	22	18	30	12	29	65	28	34	37	34	48	5	391	105
Monceau	22	22	34	17	57	66	25	35	55	37	48	13	428	110
— Vaugirard	7	15	30	10	32	60	11	31	37	35	52	6	327?	113
— Saint-Victor	22	19	37	15	48	65	15	39	56	34	50	8	398	114
— Panthéon	43	24	43	14	40	72	15	41	53	41	65	11	462	127
Fatouville près Honfleur	40	58	80	25	48	60	31	69	111	25	82	15	650	149
Rouen	40	54	57	22	55	101	13	55	102	22	67	20	606	135
BASSIN DE L'YONNE														
Les Settons	65	84	163	87	141	214	75	97	169	87	180	41	1509	128
Château-Chinon (Corcelle)	20	35	106	37	60	108	52	52	143	63	111	20	808	77
Saulieu	27	26	87	44	85	116	25	37	85	64	115	8	707	105
Pouilly	16	42	65	29	34	155	31	34	81	73	67	49	618	98
Grosbois	46	58	51	26	52	174	44	34	90	61	72	16	677	110
La Collancelle	20	50	75	40	49	118	19	50	147	45	85	20	702	109
Lancelière près Montreuillon	22	97	62	41	46	121	40	37	142	60	89	20	746	137
Clamecy	14	15	61	30	48	98	26	42	74	25	58	17	503	134
Vézelay	18	30	54	19	84	132	50	61	92	52	73	22	605	97
Avallon	15	24	49	24	74	80	29	65	96	27	69	11	550	90
Thérissey* près Terrey	21	44	58	30	48	149	40	49	109	47	68	17	677	106
Marigny-le-Cahouet	»	»	53	20	20	119	27	30	78	50	31	9	406	90
Venarey	»	»	»	»	»	»	»	»	»	»	»	»	»	»
Montbard	15	40	62	18	44	96	34	60	84	35	58	16	554	92
Toucy	52	54	94	26	66	87	54	74	77	25	95	28	654	85
Auxerre	29	35	21	15	57	66	62	47	51	22	66	9	500	89
Chablis*	28	30	54	52	53	87	73	35	87	24	39	13	540	116
Tonnerre	28	36	54	20	42	66	41	55	77	24	58	21	522	109
Laroche	34	25	37	44	53	62	20	60	60	13	52	21	468	113
Joigny	27	11	48	20	24	86	27	74	57	16	40	18	454	96
Sens*	22	16	64	13	27	94	25	40	35	21	55	16	439	135
Saint-Martin près Sens	22	21	53	12	27	105	20	40	47	48	52	51	460	106
BASSIN DE LA MARNE														
Damougo-aux-Eaux	»	»	56	41	54	86	44	66	56	31	80	16	»	»
Bar-le-Duc*	54	50	69	41	80	89	06	87	80	40	89	24	772	117
La Neuville* près St-Dizier	22	35	54	55	48	107	47	61	88	27	66	16	631	109
Vitry-le-François	26	54	57	16	80	68	52	83	73	21	81	16	648	115
Sommesous*	10	16	25	10	24	51	31	56	65	13	59	15	353	95
Reims*	14	20	51	8	69	64	6	61	59	10	35	14	377	83
BASSIN DE L'OISE														
Hirson*	39	40	61	16	52	56	11	44	84	28	76	9	535	134
Laon	36	30	68	8	77	50	7	65	80	26	82	14	519	114
Berry-au-Bac*	21	19	25	4	47	48	12	47	51	11	34	10	325	108
Venette* (Compiègne)	24	18	47	6	45	69	10	49	58	51	39	18	386	90
Beauvais*	24	26	46	9	45	49	4	85	61	20	76	40	456	94
Pontoise*	57	10	27	15	22	65	34	48	114	52	46	44	472	80

HAUTEURS DE PLUIE TOMBÉE PAR MOIS ET PAR ANNÉE DANS LE BASSIN DE LA SEINE

L'UNITÉ EST LE MILLIMÈTRE

1865

STATIONS	JANVIER	FÉVRIER	MARS	AVRIL	MAI	JUIN	JUILLET	AOUT	SEPTEMBRE	OCTOBRE	NOVEMBRE	DÉCEMBRE	TOTAL	NOMBRE DE JOURS
BASSIN DE LA SEINE PROPREMENT DIT														
Chanceaux	108	118	75	18	101	51	70	133	0	120	65	45	804	95
Châtillon	80	80	59	15	65	45	66	120	0	78	47	26	677	140
Bar-sur-Seine	96	114	83	10	65	16	140	70	0	168	68	25	927	114
Vandeuvre	99	103	69	7	76	57	106	69	0	114	60	27	786	120
Toucy	92	172	88	0	15	9	83	29	0	117	62	7	674	91
Chaumesnil près Brienne*	65	55	45	3	46	35	60	25	0	52	29	12	441	102
Barberey près Troyes*	35	41	13	4	45	38	76	20	0	58	25	7	356	87
Conflans-sur-Seine (Marne)*	63	25	18	7	32	37	48	56	0	47	30	9	342	90
Courbeton près Montereau*	97	90	57	10	52	27	115	92	1	76	51	10	636	107
Melun*	44	30	15	19	30	32	72	65	2	43	33	9	431	100
Paris : [illegible]	98	41	33	10	75	27	59	53	39	72	38	11	542	127
— la Villette	76	36	34	14	78	37	70	82	31	84	48	11	620	139
— Passy	47	46	25	12	81	18	64	23	34	60	49	10	470	130
— Monceau	65	55	52	14	85	40	67	45	30	75	58	12	574	134
— Vaugirard	67	49	38	15	87	35	56	22	40	60	54	12	536	151
— Saint-Victor	84	58	53	10	85	52	64	42	45	68	53	13	587	145
— Panthéon	82	51	34	13	81	34	65	44	53	61	67	13	597	147
— la Monnaie	»	»	»	14	88	32	55	43	33	67	69	9	»	»
Gournay	»	»	»	»	»	»	»	»	»	»	»	»	»	»
Forges	»	»	»	»	»	»	»	»	»	»	»	»	»	»
Vascœuil	»	»	»	»	»	»	»	»	»	»	»	»	»	»
Elbeuf	»	»	»	»	»	»	»	»	»	»	»	»	»	»
Buchy	»	»	»	»	»	»	»	»	»	»	»	»	»	»
Rouen	128	73	65	11	69	27	107	80	9	95	46	13	721	160
Caudebec	»	»	»	»	»	»	»	»	»	»	»	»	»	»
Yvetot	»	»	»	»	»	»	»	»	»	»	»	»	»	»
Fatouville près Honfleur	160	74	77	18	91	27	78	70	13	146	65	15	833	172
Le Havre (Ingouville)	»	»	»	»	»	»	»	»	»	»	»	»	»	»
BASSIN DE L'YONNE														
Les Settons	257	180	154	16	73	72	276	177	1	276	130	65	1656	151
Château-Chinon (ferme)	150	225	45	50	45	68	133	112	0	144	81	52	1019	99
Saulieu	120	87	65	11	83	45	110	170	0	107	88	35	882	136
Pouilly	76	69	60	16	65	35	71	104	1	91	51	51	606	102
Grosbois	55	75	44	10	84	62	73	117	0	105	90	94	805	101
La Collancelle	118	85	74	27	64	41	111	80	0	85	71	26	800	125
Pannetière près Montreuillon	105	82	36	15	21	40	95	85	0	154	68	24	719	132
Clamecy	74	82	30	11	51	40	75	92	0	82	57	17	641	144
Vézelay	80	88	54	12	99	50	123	82	10	80	77	26	791	121
Avallon	69	78	45	6	71	44	88	60	0	71	65	25	617	102
Thénissey*	84	112	76	23	79	42	77	101	0	96	56	37	779	114
Marigny-le-Cahouët	20	30	18	9	71	58	46	97	0	98	51	28	520	135
Montbard	65	24	65	14	55	30	30	78	0	87	52	19	505	107
Tonnerre	80	82	47	11	47	54	111	105	0	88	56	9	688	105
Chablis*	65	74	40	1	59	45	96	101	0	87	47	5	598	106
Auxerre	80	54	41	16	34	25	115	40	0	66	63	0	532	84
Laroche-sur-Yonne	79	60	37	13	47	35	84	67	0	80	77	6	584	130
Joigny	84	40	50	16	46	17	84	71	3	88	67	8	582	116
Sens*	75	64	42	15	48	11	107	87	1	78	41	11	581	119
Saint-Martin (près Sens)	64	56	41	14	52	12	100	81	0	68	54	8	520	132

1866

STATIONS	JANVIER	FÉVRIER	MARS	AVRIL	MAI	JUIN	JUILLET	AOUT	SEPTEMBRE	OCTOBRE	NOVEMBRE	DÉCEMBRE	TOTAL	NOMBRE DE JOURS
BASSIN DE LA SEINE PROPREMENT DIT														
Chanceaux	115	183	160	75	95	98	123	179	221	78	112	113	1477	197
Châtillon	74	119	92	90	54	70	108	127	139	51	67	83	1073	203
Bar-sur-Seine	109	162	98	63	66	95	134	156	150	34	80	113	1258	173
Vandeuvre	121	174	107	70	90	80	87	96	122	30	78	70	1035	178
Toucy	80	180	144	79	20	48	113	100	208	37	70	141	1280	153
Chaumesnil près Brienne*	30	60	80	40	52	30	56	68	79	16	27	48	583	141
Barberey près Troyes*	35	57	44	41	56	35	80	90	102	18	22	30	590	136
Conflans-sur-Seine (Marne)*	29	51	58	36	67	30	55	97	115	28	24	47	665	140
Courbeton près Montereau*	82	84	67	53	35	67	85	145	133	21	48	72	894	133
Melun*	26	38	34	52	30	28	49	82	94	22	12	35	518	130
Paris : [illegible]	45	59	38	80	45	32	66	75	91	18	20	40	636	160
— la Villette	49	61	64	72	40	34	90	58	97	10	34	44	671	184
— Passy	33	80	42	84	37	56	85	72	92	23	34	44	661	153
— Monceau	60	65	42	71	38	40	89	85	100	22	35	43	607	163
— Vaugirard	46	46	37	40	32	48	65	63	85	16	32	44	563	165
— Saint-Victor	55	57	55	85	50	48	72	82	97	18	36	48	701	180
— Panthéon	53	43	53	84	40	55	72	85	97	14	34	45	679	161
— la Monnaie	55	64	51	78	45	54	65	79	88	19	34	45	651	185
Gournay	115	91	42	48	51	54	54	85	112	25	42	61	760	155
Forges	84	55	33	30	57	44	64	115	129	10	42	77	723	185
Vascœuil	87	72	40	42	27	40	40	104	143	16	38	60	705	170
Elbeuf	68	60	40	68	28	51	58	52	100	22	39	56	654	188
Buchy	138	85	60	47	21	48	68	125	147	20	55	64	886	182
Rouen	84	85	50	54	21	40	66	117	148	10	51	87	815	160
Caudebec	125	127	52	57	53	58	95	158	109	20	75	97	1065	201
Yvetot	138	118	80	42	51	54	99	178	168	22	51	94	1071	201
Fatouville près Honfleur	106	92	60	72	53	32	110	76	170	38	71	82	971	197
Le Havre (Ingouville)	125	118	91	66	54	61	85	99	215	54	85	112	1164	202
BASSIN DE L'YONNE														
Les Settons	250	359	222	146	125	107	105	308	287	72	340	241	2701	185
Château-Chinon (ferme)	88	147	121	103	80	117	121	250	219	37	153	105	1392	125
Saulieu	85	182	130	85	96	139	91	157	208	48	151	155	1485	163
Pouilly	56	96	121	74	71	86	58	98	176	41	67	66	1007	148
Grosbois	67	48	115	78	69	82	58	106	173	30	81	65	979	122
La Collancelle	61	105	97	108	62	58	69	147	174	37	74	79	1071	116
Pannetière près Montreuillon	71	128	91	70	85	61	96	150	197	40	104	80	1186	211
Clamecy	66	104	77	85	65	56	137	107	153	41	64	69	995	125
Vézelay	74	111	73	132	40	95	125	214	192	29	60	78	1244	147
Avallon	63	82	71	104	44	71	75	122	176	21	83	72	758	138
Thénissey*	67	95	110	76	76	15	75	138	183	34	72	70	1088	165
Marigny-le-Cahouët	35	91	107	92	68	80	68	135	177	41	76	74	1080	171
Montbard	65	112	98	92	66	95	83	136	180	46	66	82	1076	141
Tonnerre	71	120	55	56	33	80	74	84	154	55	36	81	888	142
Chablis*	67	100	64	45	44	41	91	105	116	27	80	36	845	108
Auxerre	71	114	86	46	47	79	105	108	138	41	45	55	970	102
Laroche-sur-Yonne	54	91	72	85	35	65	87	110	102	34	48	60	806	101
Joigny	65	101	83	54	34	25	107	121	110	31	42	52	836	146
Sens*	61	81	87	34	45	57	62	115	127	35	48	47	784	204
Saint-Martin (près Sens)	62	68	81	29	50	45	65	128	126	28	59	47	705	171

STATIONS	1865 Janvier	Février	Mars	Avril	Mai	Juin	Juillet	Août	Septembre	Octobre	Novembre	Décembre	Total	Nombre de jours	1866 Janvier	Février	Mars	Avril	Mai	Juin	Juillet	Août	Septembre	Octobre	Novembre	Décembre	Total	Nombre de jours
BASSIN DE LA MARNE																												
Langres (vallée)	132	134	104	25	47	86	75	135	0	132	60	15	944	164	78	145	118	101	106	53	109	158	90	51	97	106	1210	200
Langres (plateau)	129	130	102	20	46	90	70	138	0	182	76	25	1015	161	101	208	128	111	118	85	116	135	121	47	121	100	1357	197
Chaumont (plateau)	100	70	50	9	72	40	60	102	1	88	50	24	605	106	97	134	86	82	47	58	137	176	144	44	88	104	1207	228
Chaumont (vallée)	107	74	65	9	74	40	67	104	1	85	62	25	704	164	106	136	84	82	45	64	126	165	128	43	96	105	1176	235
Joinville	109	64	79	8	61	37	80	78	2	140	66	22	695	144	118	137	96	70	55	86	105	160	132	18	92	125	1212	219
Vassy	95	69	75	2	60	10	77	64	1	94	57	24	647	120	91	142	114	75	60	90	169	167	174	16	79	104	1287	194
La Neuville près St-Dizier*	72	52	57	4	45	49	74	55	1	76	61	23	589	124	65	106	96	80	72	64	85	154	132	14	55	76	978	169
Damange-aux-Eaux	»	»	17	5	46	21	59	78	1	122	74	6	671 ?	»	92	137	81	64	40	63	105	160	108	22	90	126	1068	»
Bar-le-Duc*	117	79	74	1	47	36	80	87	0	104	75	24	721	128	94	146	107	88	50	98	105	182	133	19	104	122	1244	181
Vitry-le-François	94	45	45	7	35	75	56	80	0	98	48	20	573	122	71	100	112	28	74	58	105	135	145	15	40	61	939	106
Châlons (École normale)	»	»	»	»	»	»	28	45	»	75	45	14	»	»	79	96	85	55	58	55	76	90	117	15	48	80	838	»
Sommesous*	44	26	10	2	22	82	60	58	1	50	45	15	349	105	37	50	55	55	30	55	40	95	95	16	26	42	580	137
La Caure*	»	»	»	»	»	»	»	60	2	95	31	10	»	»	128	120	105	26	64	50	75	81	110	10	60	60	914	177
Montmort* (village)	»	»	»	9	66	46	112	82	4	80	58	12	»	»	100	109	106	31	70	45	95	98	158	14	54	65	925	175
Montmort (vallée)*	»	»	»	»	58	44	101	65	3	57	45	11	»	»	80	90	87	27	70	57	67	95	127	15	34	56	795	175
Forêt des Trois-Fontaines*	»	»	»	»	»	»	»	132	0	85	62	22	»	»	64	112	91	72	105	105	276	270	125	16	66	61	1369	177
BASSIN DE L'OISE																												
Hirson*	134	75	68	8	45	35	71	105	10	107	48	13	714	137	111	118	72	34	36	58	91	142	125	11	61	46	905	183
Laon	132	30	55	7	52	31	85	61	16	36	35	9	653	116	88	77	67	45	45	70	132	99	150	15	55	49	869	129
Vauxrot près Soissons*	57	75	35	35	37	26	60	46	40	54	25	5	449	119	39	43	45	16	58	59	104	86	97	22	25	31	576	160
Berry-au-Bac*	42	32	19	2	55	20	72	26	7	44	20	4	524	113	38	46	55	20	28	35	87	50	99	6	26	12	522	156
Venette (Compiègne)*	85	35	31	4	34	36	78	47	5	54	27	9	459	121	41	48	29	250	30	32	64	71	89	20	22	27	707	132
Beauvais*	92	42	50	15	106	48	135	74	0	60	48	7	627	143	84	49	34	61	24	65	65	70	85	18	17	40	609	145
Pontoise*	65	72	27	6	70	34	72	45	0	70	30	10	504	103	42	49	29	68	50	56	58	76	86	12	27	37	590	131
BASSIN DE L'AISNE																												
Sainte-Menehould*	»	»	»	11	82	26	65	64	2	48	37	17	»	»	55	82	81	50	40	69	58	105	108	8	52	55	707	173
Côte de Crèvecœur	»	»	»	6	55	25	69	72	2	67	49	21	»	»	82	102	94	58	46	88	75	120	120	11	61	65	919	179
Côte de Biesme*	»	»	»	4	53	27	65	72	5	60	44	12	»	»	90	85	94	58	54	90	81	126	127	10	65	68	912	190
Bois-des-Planches	»	»	»	10	52	27	79	76	2	64	46	19	»	»	76	84	84	57	42	65	68	106	112	9	44	62	806	177
Suippes	»	»	»	»	»	»	»	54	4	56	45	16	»	»	72	86	97	37	59	45	76	121	127	12	57	50	828	180
Camp de Châlons	75	46	44	0	24	22	80	45	1	6	1	14	365	116	70	74	85	32	4	55	67	105	115	11	42	42	696	160
Reims*	56	51	27	6	28	15	112	36	6	38	30	4	405	117	55	50	95	27	50	54	91	81	106	8	22	24	65	145

HAUTEURS DE PLUIE TOMBÉE PAR MOIS ET PAR ANNÉE DANS LE BASSIN DE LA SEINE

L'UNITÉ EST LE MILLIMÈTRE

STATIONS	1867														1868													
	JANVIER	FÉVRIER	MARS	AVRIL	MAI	JUIN	JUILLET	AOUT	SEPTEMBRE	OCTOBRE	NOVEMBRE	DÉCEMBRE	TOTAL	NOMBRE DE JOURS	JANVIER	FÉVRIER	MARS	AVRIL	MAI	JUIN	JUILLET	AOUT	SEPTEMBRE	OCTOBRE	NOVEMBRE	DÉCEMBRE	TOTAL	NOMBRE DE JOURS
BASSIN DE LA HAUTE-SEINE																												
Chanceaux	150	70	152	110	78	70	96	52	34	93	24	82	1009	121	56	42	82	89	37	82	80	92	80	141	38	152	971	141
Châtillon-sur-Seine	124	61	111	70	69	56	67	57	45	72	21	65	706	186	57	25	54	72	91	51	50	76	46	119	26	144	762	181
Bar-sur-Seine	105	90	116	82	134	52	75	42	44	60	22	86	802	146	77	27	56	70	52	57	60	97	54	94	24	128	706	141
Vendeuvre	118	64	115	71	76	45	67	54	52	74	17	70	817	165	92	35	64	82	22	28	18	120	55	118	24	152	800	115
Chaumesnil* près Brienne	40	15	29	52	52	26	48	16	20	25	5	19	327?	117	53	15	12	52	55	63	79	52	35	70	16	53	481	42
Troyes (École normale)	92	41	85	21	62	86	78	07	40	72	44	52	672?	»	64	14	52	58	75	18	45	85	37	74	49	97	625	»
Barberey* près Troyes	62	25	50	40	48	56	46	46	20	38	25	25	457	151	40	4	14	36	42	13	34	75	28	60	46	58	425	113
Coulans-sur-Seine* (Marne)	65	51	55	54	78	35	85	30	13	50	27	20	557	125	30	5	15	57	15	38	75	55	42	56	10	76	384	105
BASSIN DE LA SEINE ENTRE LES CONFLUENTS DE L'YONNE ET DE L'OISE																												
Courtacon* près Montereau	54	39	65	70	93	54	65	21	31	62	10	48	635	158	71	12	46	85	55	50	68	85	25	100	17	117	716	150
Varennes	»	»	»	»	»	»	»	»	»	»	»	»	»	»	»	»	»	»	»	»	57	70	58	98	25	99	»	»
Samois	»	»	»	»	»	»	»	»	»	»	»	»	»	»	»	»	»	»	»	»	32	98	50	95	20	87	»	»
Melun*	55	25	60	51	70	45	»	19	47	53	14	15	»	»	20	7	10	47	11	35	35	66	52	72	15	57	419?	97
Evry, près Corbeil	»	»	»	»	»	»	»	»	»	»	»	»	»	»	»	»	»	»	»	»	»	80	34	80	21	76	»	»
Port-à-l'Anglais	»	»	»	»	»	»	»	»	»	»	»	»	»	»	»	»	»	»	»	»	26	105	53	98	15	80	»	»
Paris : abattoir Ménilmontant	44	33	71	70	80	50	68	52	68	38	35	19	641	135	»	»	»	»	»	»	»	»	»	»	»	»	»	»
— Ménilmontant-Haut	»	»	»	»	69	51	80	57	34	51	28	27	»	»	46	14	51	80	18	51	44	68	65	55	21	72	582	166
— la Villette	45	57	70	68	88	56	66	71	70	45	35	10	665	179	58	17	17	71	20	40	38	78	54	107	23	71	577	167
— Passy	45	45	71	75	61	54	69	67	71	45	52	46	643	150	45	13	10	60	25	20	59	80	51	86	90	61	554	151
— Monceau	45	41	68	69	69	54	69	63	95	40	36	17	638	144	12	13	15	71	20	39	60	85	51	86	25	57	561	151
— Vaugirard	41	57	78	58	74	45	72	66	62	36	28	17	580	166	46	13	19	75	20	56	29	75	47	86	21	62	555	155
— Saint-Victor	52	44	78	73	96	54	78	58	51	44	55	10	675	175	45	16	21	68?	16	47	30	44	45	101	25	51	527	117?
— Panthéon	66	58	68	71	70	48	75	56	50	52	25	40	602	127	30	7	14	08	20	45	28	61	30	89	10	34	480?	96?
— la Monnaie	45	34	62	60	85	49	77	58	52	40	55	16	621	168	42	10	20	75	28	52	35	72	50	91	24	70	553	179
Saint-Maur	46	35	65	48	100	65	84	37	65	57	22	26	625	»	45	9	25	85	15	70	52	83	42	91	19	78	610	188
Aubervillers	56	40	59	54	90	49	75	50	55	44	21	27	620	»	29	8	15	»	»	»	»	»	52	95	16	70	»	»
BASSIN DE LA BASSE SEINE A PARTIR DU CONFLUENT DE L'OISE																												
Gournay	53	78	57	112	87	26	133	22	102	107	56	100	944	152	128	14	37	38	28	10	18	33	47	79	26	151	625	106
Forges	65	68	85	62	65	32	98	8	58	86	14	45	674	135	52	11	25	38	17	15	50	00	42	59	27	102	484	155
Vascœuil	74	47	61	82	58	44	109	18	57	60	5	35	655	155	60	10	70	28	25	54	10	75	55	85	21	104	540	143
Buchy	65	84	67	91	71	26	139	16	70	82	25	60	808	167	71	25	48	55	16	25	32	84	65	95	46	133	691	150
Pont-de-l'Arche	»	»	»	»	»	»	»	»	»	»	»	»	»	»	54	16	22	39	14	28	101	71	65	68	20	67	505	115
Elbeuf	47	64	74	55	67	42	110	20	60	80	18	40	681	172	52	9	20	49	12	25	54	62	55	72	27	85	525	140
Rouen	77	66	74	78	65	48	146	19	70	77	28	70	816	177	66	27	29	48	14	22	124	100	58	79	51	98	601	171
Caudebec	104	101	89	87	102	59	175	55	30	92	22	102	1001	180	87	20	30	57	7	21	45	156	32	115	30	124	782	171
Villequier	»	»	»	»	»	»	»	»	»	»	»	»	»	»	86	28	51	57	7	21	46	122	39	115	34	141	747	186
Yvetot	85	95	81	84	96	45	170	42	57	105	25	101	980	190	102	18	45	71	7	19	20	90	54	90	46	105	736	177
Fatouville	145	65	92	57	100	41	167	55	47	101	16	70	964	197	99	24	57	48	34	17	121	94	59	104	26	120	747	176
Le Havre (Ingouville)	116	62	94	64	90	55	135	42	57	121	18	69	915	172	100	27	50	64	50	15	64	86	53	114	51	106	605	162
BASSIN DE L'YONNE																												
Les Settons	275	254	217	102	98	126	121	167	79	180	57	120	1857	172	156	88	231	215	117	49	105	174	54	283	70	402	2000	175
Château-Chinon	182	85	161	110	77	85	90	97	92	150	0	76	1102	150	65	55	115	140	45	57	118	145	74	129	62	158	1122	117
Saulieu	158	78	131	95	76	96	93	98	16	110	29	46	1005	136	72	18	74	115	76	66	131	86	47	135	30	141	999	153
Pouilly	110	46	102	61	66	73	81	95	47	95	39	37	824	118	56	16	58	72	28	45	50	116	45	114	45	94	748	108
Grosbois	78	42	90	65	63	85	83	158	38	97	29	57	864	106	68	20	74	86	17	64	56	106	55	115	53	106	817	102
Pannetière près Montreuillon	156	74	133	81	70	84	70	65	87	105	6	65	956	107	90	71	91	106	30	30	58	165	52	106	40	144	984	185
La Collancelle	110	64	137	65	65	69	102	91	35	95	17	32	900	152	68	27	85	90	56	62	54	127	45	112	35	145	897	150
Clamecy	101	53	100	49	72	65	76	95	24	85	12	58	778	168	44	24	50	66	62	58	33	129	45	102	20	108	748	138
Vézelay	106	59	116	39	88	50	95	117	25	105	10	54	891	151	47	20	71	75	36	52	63	95	41	120	24	120	758	126
Avallon	111	40	70	55	00	71	75	80	17	78	10	49	696	114	51	25	75	76	25	29	35	90	25	86	18	89	614	99
Thénissey*	190	45	111	50	51	75	49	46	17	66	15	78	750	129	55	22	60	65	22	88	54	79	49	111	28	80	676	158
Marigny le Cahouët	80	40	114	61	59	00	66	60	41	62	22	47	728	136	53	22	61	67	30	44	101	84	30	98	52	73	724	155
Montbard	131	62	120	63	31	51	52	38	38	55	22	62	785	116	54	55	55	83	45	36	30	57	40	100	26	85	605	125
Tonnerre	106	65	115	48	78	85	85	48	27	54	22	50	792	138	50	14	52	52	32	9	62	69	55	116	22	154	648	117
Chablis*	81	44	79	57	70	84	85	49	28	58	20	27	640	150	37	8	40	49	15	5	67	95	50	90	15	95	500	101
Auxerre	107	45	83	43	60	42	77	35	26	41	19	50	604	102	57	45	59	45	09	35	97	120	40	68	27	98	734	124
Laroche	79	44	83	58	07	51	69	29	42	61	14	41	630	142	40	12	51	61	41	20	26	153	26	88	20	63	601	125
Joigny	72	40	81	06	04	54	82	13	24	51	16	59	609	114	55	8	40	72	19	44	42	92	26	81	25	91	505	105
Sens*	81	51	97	50	81	50	77	20	44	71	16	40	706	180	64	12	55	70	57	30	71	86	50	102	28	108	676	176
Saint-Martin près Sens	65	46	88	53	87	45	78	27	48	62	16	54	647	160	50	4	57	70	53	35	82	78	35	95	25	84	620	126
BASSIN DE LA MARNE																												
Langres (vallée)	104	82	151	98	55	74	87	40	59	88	15	69	989	175	64	35	68	89	35	58	115	80	17	150	56	147	886	166
Langres (plateau)	229	81	101	105	54	65	90	46	49	87	19	98	1084	161	60	32	86	89	56	65	87	99	49	160	42	150	954	186
Chaumont (plateau)	176	71	157	125	67	48	95	42	48	75	15	102	1067	189	97	38	84	106	30	82	47	116	98	140	22	187	1006	174
Chaumont (vallée)	158	71	155	126	67	46	90	39	41	74	15	74	958	193	55	29	66	105	28	62	50	129	45	157	21	142	864	174
Joinville	157	88	137	130	55	55	89	35	92	16	20	91	990	204	90	47	53	94	14	44	52	97	45	118	24	165	833	176
Vassy	151	75	98	91	45	28	60	40	45	97	22	50	840	179	74	49	44	44	54	56	37	75	45	126	24	155	784	155
La Neuville* près St-Dizier	96	48	72	78	65	54	64	24	30	68	15	45	682	157	44	24	47	54	42	17	25	95	39	75	40	123	558	151
Démange-aux-Eaux	138	102	114	120	37	61	74	27	30	75	24	110	918	»	56	25	67	78	50	47	59	40	39	109	24	100	804	»
Bar-le-Duc*	128	84	87	100	50	38	117	24	60	86	25	80	883	173	60	51	72	94	23	34	81	85	48	130	31	207	950	174
Vitry-le-François	90	58	67	74	82	38	107	15	20	58	16	55	678	135	64	15	58	74	6	26	91	116	33	108	22	124	751	154

STATIONS	1867														1868													
	JANVIER	FÉVRIER	MARS	AVRIL	MAI	JUIN	JUILLET	AOUT	SEPTEMBRE	OCTOBRE	NOVEMBRE	DÉCEMBRE	TOTAL	NOMBRE DE JOURS	JANVIER	FÉVRIER	MARS	AVRIL	MAI	JUIN	JUILLET	AOUT	SEPTEMBRE	OCTOBRE	NOVEMBRE	DÉCEMBRE	TOTAL	NOMBRE DE JOURS
BASSIN DE LA MARNE (SUITE)																												
Châlons (École normale)	79	54	44	34	47	26	112	19	15	47	26	51	605	»	40	14	19	75	4	22	18	77	46	92	14	106	560	»
Sommesous*	62	20	42	42	64	42	85	15	27	35	16	39	504	118	70	14	21	61	9	50	69	77	45	87	21	114	628	128
Villeseneux*	»	»	»	»	»	»	»	»	»	»	»	»	»	»	58	8	31	71	5	26	64	76	28	100	23	162	660	135
La Caure*	98	80	54	94	57	42	73	11	46	44	20	47	661	152	65	23	51	83	21	22	45	97	32	3	29	143	679	156
Montmort (village)	96	62	65	87	98	46	95	15	76	68	21	59	746	165	74	25	43	86	22	29	48	110	40	5	29	144	751	157
Montmort (moulin)*	92	60	62	78	56	46	88	15	84	58	18	58	741	165	78	25	41	70	21	27	55	115	47	68	33	193	692	157
Forêt des Trois-Fontaines*	151	48	71	87	51	25	142	18	34	59	10	40	714	147	75	18	41	26	26	18	54	41	17	47	11	118	498	143
Ormeaux	»	»	»	»	»	»	»	»	»	»	»	»	»	»	»	»	»	»	»	»	89	148	55	96	20	87	»	»
Meaux	»	»	»	»	»	»	»	»	»	»	»	»	»	»	34	16	54	58	25	40	89	91	51	118	23	98	691	126
Gournay-sur-Marne*	»	»	»	»	»	»	»	»	»	»	»	»	»	»	41	10*	16	36	20	31	50	54	41	71	18	54	409?	108
BASSIN DE L'OISE																												
Hirson* (corrigé pour 1868)	79	52	64	60	74	31	111	15	26	62	22	66	657	176	46	20	47	04	40	40	50	05	58	80	22	100	616	158
Laon	70	64	57	83	84	48	100	15	30	56	31	64	730	129	60	28	58	85	30	24	26	75	53	85	29	118	626	142
Venette*	28	29	53	45	77	41	74	22	22	20	11	9	1169?	108	30	8	10	48	15	30	65	49	36	70	21	68	445	90
Beauvais*	45	47	57	70	65	42	67	56	57	16	14	46	581	155	60	21	34	57	38	12	37	50	44	80	30	108	584	155
Pontoise*	42	41	57	90	61	40	96	52	68	58	17	22	604	120	52	12	17	51	24	24	44	59	48	74	13	90	457	103
BASSIN DE L'AISNE																												
Sainte-Menehould*	75	30	46	73	55	39	100	12	45	61	20	56	596	165	41	24	21	46	55	23	45	72	32	94	16	91	555	154
Côte de Crèvecœur	85	49	80	96	55	40	122	10	50	68	19	45	688	162	44	44	34	51	65	21	56	91	37	102	25	101	647	130
Côte de Biesmes*	90	57	55	97	60	32	193	8	47	64	22	70	794	167	51	30	37	59	46	16	25	62	40	100	20	104	597	131
Bois des Planches	72	45	47	70	41	45	114	37	44	57	21	57	656	109	41	25	20	38	43	26	47	69	20	82	12	105	522	140
Suippes	79	62	51	84	85	43	142	20	37	70	21	60	758	136	61	25	35	51	20	19	24	74	47	85	15	109	550	126
Camp de Châlons	66	55	48	98	79	60	124	51	44	59	40	82	751	188	50	26	27	51	16	18	47	63	28	80	25	95	536	133
Reims*	26	57	58	40	79	83	69	9	35	37	32	14	497	148	15	6	6	71	23	19	47	70	27	57	22	87	447	129
Berry-au-Bac*	58	30	35	56	68	56	85	18	27	44	25	28	495	145	27	6	16	43	13	15	92	43	29	57	0	58	406	125
Soissons (M. Tossin)	»	»	»	»	»	»	»	»	»	»	»	»	»	»	40	14	34	68	14	37	28	53	29	72	28	143	502	120
Vauxrot* près Soissons	32	26	40	43	65	42	74	24	30	47	15	19	457	155	29	8	19	50	11	31	37	41	21	53	13	63	386	112
BASSIN DU LOING																												
Toucy	168	95	146	55	102	57	90	32	38	77	10	71	929	105	181	20	88	93	27	27	35	84	12	98	41	206	906	94
Moutiers près St-Sauveur	»	»	»	»	»	»	»	»	»	»	»	»	»	»	38	16	49	48	26	08	64	157	97	79	21	80	654	138
Bogny	»	»	»	»	»	»	»	»	»	»	»	»	»	»	34	11	12	46	86	39	58	161	57	94	25	102	774	148
Champoulet	»	»	»	»	»	»	»	»	»	»	»	»	»	»	41	14	40	52	27	58	16	111	49	73	17	70	581	125
Combreux	»	»	»	»	»	»	»	»	»	»	»	»	»	»	30	11	45	67	80	45	87	98	57	87	14	81	088	145
Grignon	»	»	»	»	»	»	»	»	»	»	»	»	»	»	47	6	37	78	08	58	63	111	65	110	14	89	743	132
Courpalet	»	»	»	»	»	»	»	»	»	»	»	»	»	»	40	8	38	63	59	58	77	109	63	94	12	44	665	110
RÉGION DE LA BEAUCE																												
Outarville	»	»	»	»	»	»	»	»	»	»	»	»	»	»	92	16	31	70	97	33	82	106	59	90	16	80	688	115
Pithiviers	»	»	»	»	»	»	»	»	»	»	»	»	»	»	53	3	8	65	55	50	148	144	45	76	13	77	675	57
Houdan	»	»	»	»	»	»	»	»	»	»	»	»	»	»	42	8	24	70	96	27	38	30	48	72	24	36	532	126
Rambouillet	»	»	»	»	»	»	»	»	»	»	»	»	»	»	35	15	23	70	60	20	30	103	43	85	18	76	620	139
Auneau	»	»	»	»	»	»	»	»	»	»	»	»	»	»	56	6	10	80	28	25	51	130	38	89	17	72	616	116
Dammarie	»	»	»	»	»	»	»	»	»	»	»	»	»	»	72	6	20	72	21	6	63	175	68	96	25	81	708	104
Dreux	»	»	»	»	»	»	»	»	»	»	»	»	»	»	»	»	»	»	»	»	96	107	85	75	33	62	»	»
HORS BASSIN																												
Châtillon-en-Bazois	119	61	146	81	82	44	69	78	54	53	13	67	900	119	75	34	103	81	31	44	134	118	56	114	31	135	970	151
Dijon	76	68	111	84	57	49	97	82	25	62	14	32	745	132	45	12	34	65	56	52	50	75	66	80	45	99	674	130

HAUTEURS DE PLUIE TOMBÉE PAR MOIS ET PAR ANNÉE DANS LE BASSIN DE LA SEINE

L'UNITÉ EST LE MILLIMÈTRE

STATIONS	1869 Janvier	Février	Mars	Avril	Mai	Juin	Juillet	Août	Septembre	Octobre	Novembre	Décembre	Total	Nombre de jours
BASSIN DE LA SEINE PROPREMENT DIT														
Chanceaux	41	62	111	60	118	68	54	52	82	54	137	71	925	98
Châtillon-sur-Seine	79	58	70	85	119	64	50	37	70	43	90	51	655	168
Bar-sur-Seine	29	34	63	28	121	40	25	29	67	67	119	32	661	115
Chaumesnil près Brienne*	12	30	22	12	106	52	44	37	50	41	80	28	593	121
Vendeuvre	32	63	82	33	124	87	59	56	67	76	102	56	878	154
Troyes (École normale)	21	54	42	45	176	54?	30	11	42	60	81	58	602	»
Barberey près Troyes*	19	21	28	8	94	40	21	2	32	42	46	53	387	105
Conflans-sur-Seine (Marnai)*	9	22	37	17	78	35	25	6	29	51	41	29	378	89
Courbeton (près Montereau)*	20	21	59	20	150	69	27	14	23	49	90	53	562	108
Varennes (près Montereau)	16	16	44	22	101	40	26	14	22	35	54	32	420	118
Samois	15	9	42	34	125	60	42	13	31	30	66	43	512	110
Melun*	15	10	20	27	80	95	64	9	26	18	51	18	565	106
Evry (près Corbeil)	51	15	58	28	150	48	52	20	86	47	100	58	680	158
Port-à-l'Anglais	4	8	71	30	121	40	27	19	44	31	61	42	465	122
Saint-Maur	28	10	60	30	127	20	58	20	53	29	61	41	520	100
Paris : Observatoire	16	8	67	40	117	54	39	16	65	55	68	42	535	130
— la Villette	26	8	81	45	113	92	35	47	55?	53	56	46	574	164
— Passy	24	7	47	45	141	24	50	15	10	53	55	39	470	125
— Monceau	27	8	71	45	123	10	30	17	52	30	56	45	501	134
— Vaugirard	21	8	68	40	116	28	55	11	54	29	42	57	497	132
— Saint-Victor	28	8	»	47	126	»	»	17	»	»	»	57	»	»
— Panthéon	20	6	69	37	95	18	55	8	51	25	52	40	441	100
— la Monnaie	20	9	69	30	108	21	36	12	56	29	31	35	473	102
Aubervilliers	29	10	71	42	109	21	35	19	58	40	66	49	547	140
BASSIN DE LA BASSE SEINE														
Gournay	37	5	71	75	120	17	8	20	53	50	60	57	579	105
Forges	56	46	65	96	119	55	5	21	58	50	64	83	645	155
Vascœuil	32	40	185	80	130	47	3	21	37	48	81	86	817	151
Duclair	16	50	108	90	155	70	2	27	54	72	81	85	705	102
Pont-de-l'Arche	29	21	87	43	107	30	6	20	47	42	61	56	532	118
Elbeuf	55	90	94	61	128	55	4	15	46	48	70	77	682	157
Rouen	40	58	108	75	131	32	12	23	55	48	101	90	731	158
Caudebec	44	55	128	78	151	45	7	55	62	84	120	111	905	170
Villequier	58	64	104	75	128	50	2	40	58	95	140	92	901	170
Yvetot	55	54	128	82	155	48	5	34	81	97	112	145	920	175
Fatouville près Honfleur	35	34	100	30	124	34	9	20	49	70	75	111	717	173
Le Havre (Ingouville)	38	50	101	57	116	30	5	36	50	78	88	127	805	180
BASSIN DE L'YONNE														
La Croisette (Cne de St-Brix)	»	»	»	»	161	78	46	25	130	91	161	129	»	»
Bas-Follin (Cne de St-Brix)	»	»	»	»	181	87	35	28	180	76	177	118	»	»
Pommoy (Cne de Bonsuillon)	»	»	»	»	166	106	49	22	123	94	136	66	»	»
Les Settons	106	151	256	100	182	78	54	61	175	121	386	108	1814	150
Château-Chinon	60	85	87	30	116	84	40	28	60	84	165	83	948	167
Saulieu	48	55	30	10	135	30	50	9	61	58	120	90	689	115
Pouilly	25	30	74	45	120	60	31	11	55	75	80	43	641	99
Grosbois	35	50	94	45	127	72	33	18	58	67	91	41	735	105
Pannetière près Montreuillon	39	56	96	103	126	45	31	16	85	71	120	76	880	150
La Colancelle	44	55	91	61	118	29	51	20	55	71	62	58	716	114
Vézelay	29	46	48	30	107	45	45	10	45	67	58	55	561	156
Avallon	16	34	57	24	94	37	27	12	57	41	51	32	485	99
Clamecy	27	48	68	43	144	31	43	24	46	45	81	43	641	154
Thénissey*	18	25	81	37	101	30	52	20	58	63	81	44	562	110
Marigny-le-Cahouët	24	45	71	51	103	60	54	13	51	59	75	51	658	158
Montbard	30	46	79	37	110	96	60	41	68	65	88	50	742	145
Tonnerre	29	51	46	41	119	47	51	20	62	46	92	43	674	90
Chablis*	19	30	65	46	88	86	10	77	80	32	75	37	600	148
Auxerre	14	53	73	42	111	67	40	52	40	39	53	42	635	103
Laroche-sur-Yonne	12	34	37	21	130	85	51	25	56	45	61	35	553	140

STATIONS	1869 Janvier	Février	Mars	Avril	Mai	Juin	Juillet	Août	Septembre	Octobre	Novembre	Décembre	Total	Nombre de jours
Joigny	20	38	65	24	151	56	42	19	60	35	72	33	504	94
Sens*	25	96	56	35	114	44	21	47	35	54	75	40	535	140
Saint-Martin (près Sens)	24	21	55	29	116	42	30	9	30	52	70	28	508	120
BASSIN DE LA MARNE														
Langres (vallée)	46	58	96	32	118	64	28	39	78	65	93	54	790	135
Langres (plateau)	44	66	107	62	126	57	32	50	80	65	108	55	835	169
Chaumont (plateau)	14	82	94	65	115	60	45	24	81	83	180	64	942	159
Chaumont (vallée)	28	65	80	46	109	65	43	20	77	81	141	57	808	150
Joinville	41	80	96	32	98	57	98	12	112	56	161	57	906	104
Vassy	40	64	72	20	140	78	73	11	57	40	150	47	789	104
La Neuville près Saint-Dizier*	24	44	50	14	107	76	19	15	54	42	96	39	570	125
Domange-aux-Eaux	82	80	50	120	72	30	47	87	65	124	124	63	957	»
Bar-le-Duc*	41	84	91	21	155	76	37	22	68	59	165	85	879	109
Forêt des Trois-Fontaines*	28	20	11	20	147	62	21	6	51	78	05	75	598	125
Vitry-le-François	22	57	54	17	132	54	18	7	60	24	45	38	503	101
Sommesous*	51	32	42	26	95	68	16	7	50	34	46	40	494	127
Villeseneux*	26	26	64	21	102	52	18	9	67	35	69	75	510	158
Châlons (École normale)	24	17	40	40	104	15	61	95	53	25	60	45	584	»
La Caure*	55	26	65	25	88	39	28	25	44	28	72	35	491	130
Montmort (village)	38	31	60	35	107	48	30	27	55	51	85	69	635	150
Montmort (moulin)*	35	30	59	30	95	45	30	25	40	45	68	65	564	140
Touquin	36	20	78	14	101	45	61	19	»	»	»	37	»	»
Meaux	30	22	65	32	121	54	67	56	70	43	75	50	649	121
Gournay et Neuilly-s.-Marne	27	5	55	29	121	24	22	15?	48	46	95	45	528	110
BASSIN DE L'AISNE														
Sainte-Ménéhould*	21	32	30	40	110	67	32	18	74	27	87	48	571	128
Côte de Crèvecœur	25	37	42	55	124	68	26	24	71	31	72	65	595	150
Côte de Blesmes*	26	55	57	24	115	62	12	22	60	24	90	58	590	127
Bois-des-Planches	20	29	32	21	104	70	57	26	81	29	66	45	558	127
Suippes	26	20	51	19	104	42	10	19	46	41	75	51	544	151
Camp de Châlons	37	14	35	20	99	30	34	16	75	33	74	32	460	115
Reims*	24	15	58	15	70	20	55	24	41	15	64	50	450	126
Berry-au-Bac*	34	10	28	22	75	17	27	16	34	24	55	31	359	122
Vauxrot* près Soissons	20	10	30	21	79	24	8	14	30	20	58	20	352	119
Soissons (M. Tassin)	34	10	54	31	89	27	13	10	45	22	68	45	452	119
BASSIN DE L'OISE														
Hirson (corrigé)*	52	37	42	41	102	17	18	20	42	53	87	46	545	108
Laon	36	45	62	36	115	22	0	21	40	25	102	46	563	150
Venette (Compiègne)*	29	17	49	27	79	16	13	15	41	22	48	28	382	91
Beauvais*	36	22	65	41	82	41	9	15	44	60	58	63	535	141
Pontoise*	27	11	56	31	85	24	6	16	37	25	55	45	380?	96
BASSIN DU LOING														
Toucy	32	75	98	12	119	20	35	7	6	88	144	120	707	86
Moutiers près St-Sauveur	23	38	49	38	86	28	16	41	32	33	56	22	464?	138
Bogny	24	50	55	32	144	45	78	24	41	30	62	26	598	129
Champoulet	17	28	40	53	139	58	47	38	28	29	18	21	500	116
Combreux	26	12	45	38	115	39	42	10	37	20	60	28	467	129
Grignon	18	14	37	43	80	45	58	13	38	41	55	35	478	122
Courpalet	15	19	38	43	128	32	60	»	25	81	40	62	525	76
RÉGION DE LA BEAUCE														
Outarville	31	8	47	30	117	61	34	14	42	22	60	45	541	105
Pithiviers	6	5	52	19	80	55	53	10	40	25	63	40	405	50
Dourdan	22	5	48	30	81	50	51	15	45	35	46	18	401	104
Rambouillet	54	6	75	37	100	54	9	26	77	46	61	55	555	114
Auneau	31	6	70	42	82	28	28	10	30	54	55	55	470	104
Dammarie	25	2	62	28	107	44	15	17	47	36	48	32	457	90
Dreux	30	15	75	35	90	24	10	15	30	55	14	26	381?	144

Doivent être considérés comme *beaucoup trop faibles*, à cause de la situation des pluviomètres, les résultats inscrits pour les stations suivantes :
Berry-au-Bac, Vauxrot, Venette, Chaumesnil (surtout depuis août 1861 jusqu'à mai 1866), Barberey, Conflans-sur-Seine, Melun et même Hirson, Pontoise et Reims (surtout depuis juin 1869 jusqu'à juillet 1865).

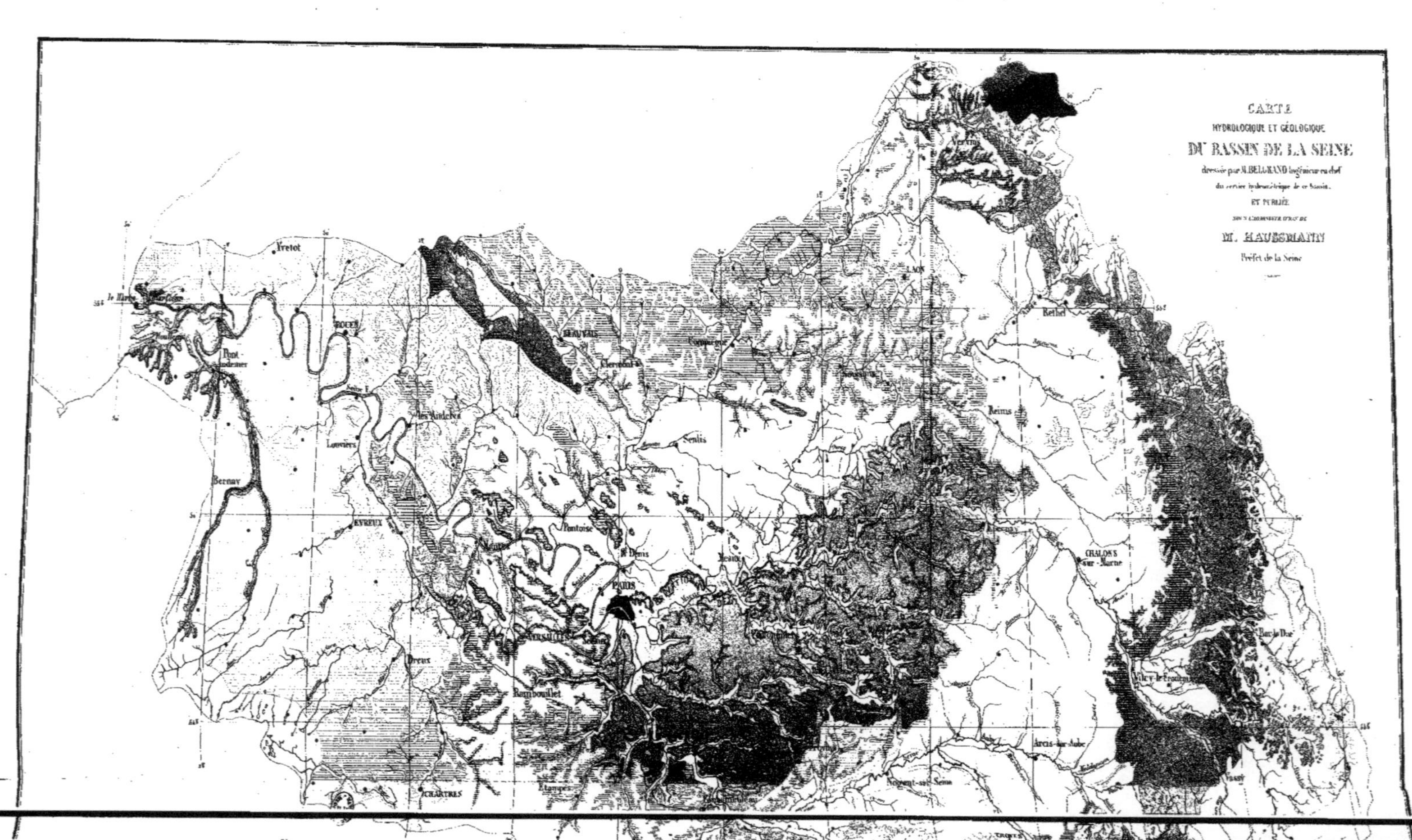
CARTE
HYDROLOGIQUE ET GÉOLOGIQUE
DU BASSIN DE LA SEINE
dressée par M. BELGRAND ingénieur en chef
du service hydrométrique de ce bassin.
ET PUBLIÉE
SOUS L'ADMINISTRATION DE
M. HAUSSMANN
Préfet de la Seine
Yvetot
Rouen
Pont-Audemer
Bernay
Louviers
Les Andelys
Evreux
Dreux
Chartres
Beauvais
Clermont
Compiègne
Senlis
Pontoise
St Denis
Paris
Versailles
Rambouillet
Étampes
Meaux
Laon
Soissons
Reims
Rethel
Châlons sur-Marne
Arcis-sur-Aube
Nogent-sur-Seine
Bar-le-Duc
Vitry-le-François

Teintes conventionnelles.

Terrains	Étage	Nature des terrains	Caractères hydrologiques
T. QUATERNAIRES.		Alluvions et tourbes.	Ordinairement fond de grandes vallées, principalement dans les t. crétacés et de la Beauce.
TERRAINS TERTIAIRES.	ÉTAGE MIOCÈNE	Argiles et meulières des plaines de Satory.	Plateaux imperméables argileux sans pente.
		Calcaire lacustre de Beauce.	Calcaires très-perméables. Vallées sèches.
		Sables de Fontainebleau.	Sablons et grès perméables.
		Terrains tertiaires d'origine incertaine.	Terrain argilo-sableux imperméable, sans pente. — Nombreux Étangs.
	ÉTAGE ÉOCÈNE	Argiles et meulières de Brie.	Plateaux argileux imperméables, sans pente.
		Marnes vertes et marnes du Gypse.	Terrains argileux très-imperméables. — Bords de presque toutes les vallées de la Brie.
		Calcaire lacustre de Saint-Ouen.	Calcaire très-perméable, beaucoup de vallées sèches.
		Sables moyens.	Sablons et grès moins perméables.
		Calcaire grossier.	Calcaire très-perméable.
		Argile plastique, lignites et sables inférieurs.	Argiles imperméables alternant avec des sables.
		Argiles à Silex du bassin d'Eure.	Plateaux argilo-[illegible] drainés par la craie.
TERRAINS SECONDAIRES. T. CRÉTACÉS.	SUPÉRIEUR.	Craie blanche.	Calcaires tendres très-perméables. — Nombreuses vallées sèches.
	INFÉRIEUR.	Craie marneuse.	Calcaire moins perméable.
		Grès vert et gault.	Sables et argiles imperméables.
		Terrain néocomien.	Sables, argiles et calcaires imperméables.
TERRAINS JURASSIQUES. T. OOLITHIQUES.	ÉTAGE SUPÉR.	Calcaire de Portland. Marnes de Kimméridge.	Calcaires très-perméables. Marnes moins perméables.
	ÉTAGE MOYEN.	Coral rag. Calcaire lithographique. Marnes d'Oxford.	Calcaires très-perméables, et marnes moins perméables.
	ÉTAGE INFÉR.	Grande oolithe. Terre à foulon. Calcaire à entroques.	Calcaire très-perméable. Marnes moins perméables. Calcaire très-perméable.
	LIAS.	Marnes à belemnites.	Terrains très-imperméables.
		Lias bleu. Grès du lias.	
TERRAINS PALÉOZOÏQUES.		Terrain devonien.	Argiles feuilletées.
		Terrain silurien.	Quartzites et grès imperméables.
T. CRISTALLINS.		Granite. Porphyre.	Roches imperméables.

Indications hydrologiques.

TEINTES caractéristiques hydrologiques.

Les teintes plates indiquent les terrains imperméables.

Les teintes plates avec des rayures, les terrains demi-perméables.

Les rayures, les terrains très-perméables.

Les teintes plates avec rayures d'une autre couleur, des terrains imperméables, drainés par un terrain perméable placé au-dessous.

DISPOSITION DES COURS D'EAU. NATURE DE LEURS CRUES.

Dans les terrains imperméables, tous les cours d'eau *sont torrentiels*, c'est-à-dire qu'ils ont des crues violentes et de courte durée; on y trouve un ruisseau au fond du moindre pli de terrain.

Tous les cours d'eau des terrains perméables *sont tranquilles*, c'est-à-dire qu'ils ont des crues de très-longue durée, mais d'une élévation médiocre; dans ces terrains la plupart des vallées sont sèches; on ne trouve de cours d'eau qu'au fond des vallées principales.

DISPOSITION DES SOURCES.

Lorsqu'un terrain perméable repose sur un terrain imperméable, il y a toujours une ligne de sources qui suit leur ligne de contact, que l'affleurement ait lieu le long d'un côteau, ou au fond d'une vallée.

On ne trouve ordinairement que des sources d'un faible débit, quoique parfois très-nombreuses, dans les terrains imperméables.

Dans les terrains perméables on trouve des sources très-importantes, mais toujours confinées au fond des vallées principales; les vallées secondaires restent habituellement sèches.

DISPOSITION DES TOURBES.

Dans les terrains à teintes rose et brune, il existe de petites tourbières disséminées sur toute la surface du sol, dans les coteaux comme au fond des vallées, excepté dans les grandes vallées qui sont balayées par des crues violentes.

Dans les terrains à teinte bleue, vert olive, vert pré, nankin, lilas clair, il n'y a jamais de tourbières, sauf en quelques points sablonneux des terrains vert olive.[1]

On trouve des tourbières importantes dans les terrains perméables, mais seulement au fond des vallées principales où il y a des cours d'eau, et lorsqu'il n'existe pas en amont une étendue de terrain imperméable assez grande pour produire des crues violentes.

QUALITÉ DES EAUX.

Les eaux de source des terrains à teintes ou rayures roses, bleues, jaunes, vert olive, lilas, sont très-pures et surtout ne renferment pas de sulfates. Elles sont très-bonnes à boire quand elles ne traversent pas de tourbières.

Les eaux des terrains à teintes ou rayures orange ou vert pré sont moins pures et renferment très-souvent des sulfates.

Echelle des Surfaces

Gravé par Avril frères, rue Gay-Lussac 52.

indiquant les stations d'observations du service hydrométrique
PAYS DE CAUX
Yvetot
Caudebec
Havre
Honfleur
Pont Audemer
ROUEN
Louviers
Bernay
ÉVREUX
Les Andelys
VEXIN NORMAND
VEXIN FRANÇAIS
PAYS DE BRAY
BEAUVAIS
Clermont
Compiègne
Senlis
St Denis
PARIS
VERSAILLES
Sceaux
Corbeil
MELUN
Fontainebleau
Étampes
Rambouillet
Dreux
Brezolles
Châteauneuf
Senonches
la Ferté
la Loupe
Courville
CHARTRES
BEAUCE
Pithiviers
Nemours
Montargis
GATINAIS
Joigny
PUISAYE
AUXERRE
Tonnerre
Chablis
Clamecy
Avallon
Château-Chinon
Semur
Montbard
Châtillon-sur-Seine
Bar-sur-Seine
TROYES
Arcis-sur-Aube
Nogent-sur-Seine
Provins
Coulommiers
Meaux
Château-Thierry
Épernay
Reims
SOISSONNAIS
Soissons
LAON
Rethel
Mézières
CHALONS-SUR-MARNE
Vitry-le-François
St Dizier
Vassy
CHAUMONT
Langres
DIJON
BOURGOGNE
CHAMPAGNE
BRIE
VALOIS
LÉGENDE
Pays de Caux
Vexin Normand
Limons des plateaux drainés par la craie
Perméables
Beauce
Calcaire de Beauce et sables de Fontainebleau
Très perméable
Bassin de l'Eure
Plateaux tertiaires drainés par la Craie
Perméables
Brie
Plateaux tertiaires éocènes argileux
Imperméables
Vexin Français
Valois
Soissonnais
Terrains tertiaires récents
Perméables
Gâtinais
Plateaux tertiaires éocènes
Imperméables
Champagne sèche
Craie blanche
Très Perméable
Champagne humide
Puisaye
Pays de Bray (en partie)
Terrains crétacés inférieurs
Imperméables
La Montagne
Basse Bourgogne
Terrains oolithiques
Perméables ou demi perméables
Banlieue de Langres
Auxois
Lias
Imperméable
Morvan
Terrains granitiques et paléozoïques
Imperméables
Les terrains imperméables se reconnaissent immédiatement par le grand nombre des petits cours d'eau qui y prennent naissance.
Échelle Métrique
Gravé par Avril
Belgrand dir
Paris. Imp. Fraillery
9

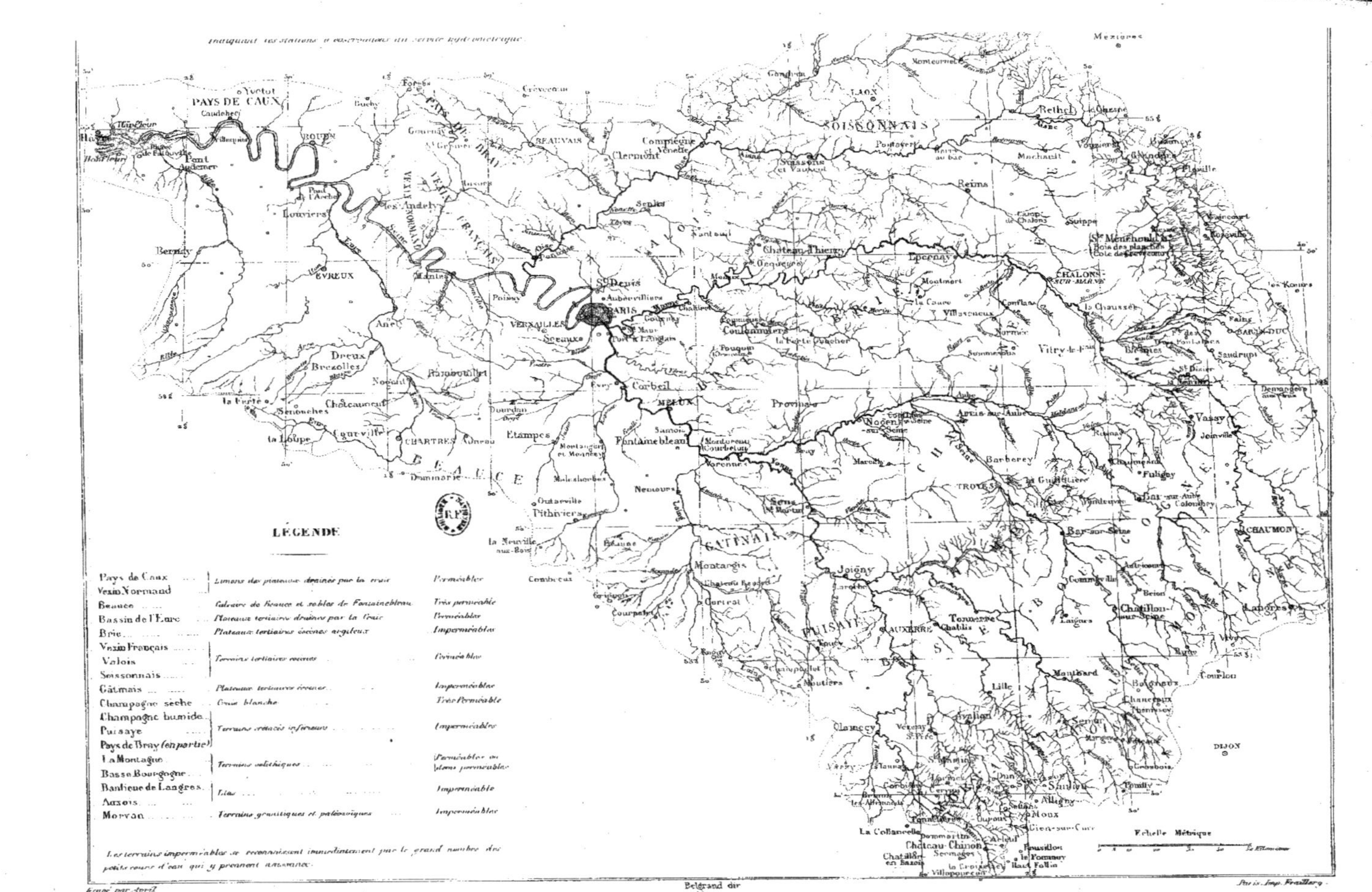

SERVICE HYDROMÉTRIQUE DU BASSIN DE LA SEINE.

OBSERVATIONS PLUVIOMÉTRIQUES FAITES EN

1861

Bassin de la Seine, Com.t du B. de l'Yonne.

STATIONS — JANVIER — FÉVRIER — MARS — AVRIL — MAI — JUIN — JUILLET — AOUT — SEPTEMBRE — OCTOBRE — NOVEMBRE — DÉCEMBRE

BASSIN DE LA SEINE PROPREMENT DIT

Chanceaux (Côte-d'Or)

Chatillon sur Seine (Côte-d'Or)

Bar-sur-Seine (Aube) — Point d'observations

Vendeuvre (Aube)

Chaumesnil (Aube)

Barberey (Aube)

Melun (Seine-&-Marne) — La pluie étant tombée en faible quantité M.r [illegible] pense que vu la chaleur pendant ce mois elle s'est évaporée rapidement

Courbeton C.ne de Montereau (Seine-&-Marne) — Pluviomètre en réparation.

Conflans-s-Seine près Romilly (Marne)

Fatouville (Eure) Pluviomètre de 25 m

Dijon Montmusard (Côte-d'Or) Pluviomètre N.o 1 — Pluviomètre en réparation

Les Settons près Montsauche (Nièvre)

Chateau Chinon (Nièvre)

Saulieu (Côte d'Or)

Fouilly (Côte-d'Or)

Grosbois (Côte-d'Or)

Autographie H. Malhes — En longueur le ½ millimètre indique un jour — En hauteur le ½ millimètre indique un millimètre d'eau tombée. — Imp. Fraillery à Paris

SERVICE HYDROMÉTRIQUE DU BASSIN DE LA SEINE

OBSERVATIONS PLUVIOMÉTRIQUES FAITES EN

Bassin de l'Oise 1861

JANVIER FÉVRIER MARS AVRIL MAI JUIN JUILLET AOÛT SEPTEMBRE OCTOBRE NOVEMBRE DÉCEMBRE

BASSIN DE L'YONNE.

LA COLANCELLE (*Nièvre*)

PANNETIÈRE. (*Nièvre*)

CLAMECY. (*Nièvre*)

VÉZELAY. (*Yonne*)

AVALLON. (*Yonne*)

THENISSEY. *près Verrey* (*Côte d'Or.*)

MONTBARD. (*Côte d'Or*)

TOUCY. (*Yonne*)

AUXERRE. (*Yonne*)

CHABLIS. (*Yonne*)

LAROCHE. *sur-Yonne* (*Yonne*)

JOIGNY. (*Yonne*)

SENS. (*Yonne*)

St MARTIN. (*Yonne*)

CHÂTILLON *en Bazois.* (*Nièvre*)

BASSIN DE L'OISE.

HIRSON (*Aisne*) *Pluviomètre Super.*

LAON. (*Aisne*)

BERRY au BAC. (*Aisne*)

VENETTE (*Oise*)

BEAUVAIS (*Oise*)

PONTOISE. (*Seine et Oise*)

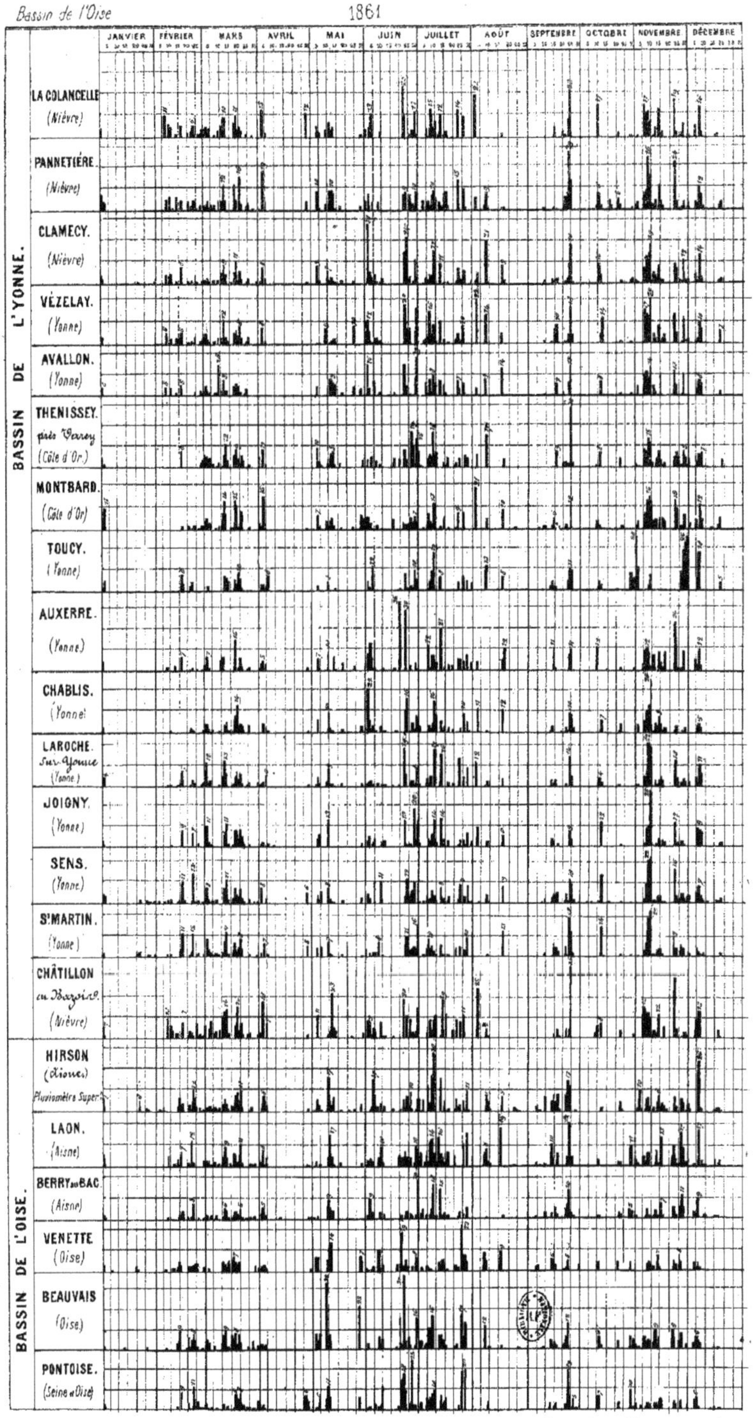

En longueur le ½ millimètre indique un jour — En hauteur le ½ millimètre indique un millimètre d'eau tombée

SERVICE HYDROMÉTRIQUE DU BASSIN DE LA SEINE
OBSERVATIONS PLUVIOMÉTRIQUES FAITES EN
1862

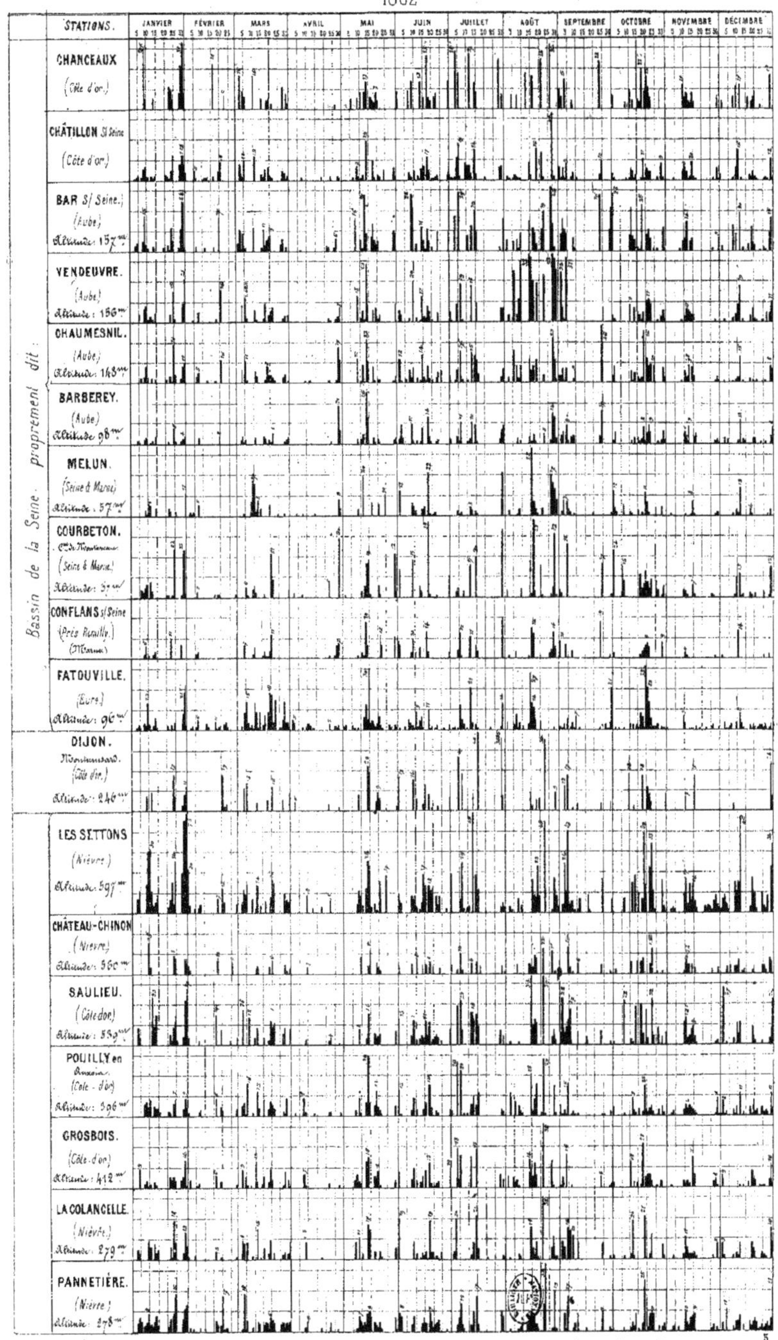

En longueur le ½ millimètre indique un jour — En hauteur le ½ millimètre indique un millimètre d'eau tombée.

SERVICE HYDROMÉTRIQUE DU BASSIN DE LA SEINE

OBSERVATIONS PLUVIOMÉTRIQUES FAITES EN

1862

Bassin de l'Oise _ Bassin de l'Yonne.

JANVIER. FÉVRIER. MARS. AVRIL. MAI. JUIN. JUILLET. AOÛT. SEPTEMBRE. OCTOBRE. NOVEMBRE. DÉCEMBRE.

BASSIN DE L'YONNE

CLAMECY (Yonne.) Altitude: 147m

VÉZELAY (Yonne.)

AVALLON (Yonne.) Altitude: 245m

THENISSEY (Côte d'Or) Altitude: 300m

VENAREY (Côte-d'Or) Altitude: 236m

MONTBARD (Côte-d'Or) Altitude: 215m

TOUCY (Yonne.) Altitude: 186m

AUXERRE (Yonne.) Altitude: 122m

CHABLIS (Yonne.) Altitude: 136m

TONNERRE (Yonne.) Altitude: 143m

LAROCHE (Yonne.) Altitude: 76m

JOIGNY (Yonne.) Altitude: 92m

SENS (Yonne.) Altitude: 52m

St MARTIN (Yonne.) Altitude: 66m

CHATILLON en-Bazois (Nièvre.) Altitude: 233m

HIRSON (Aisne.) Altitude: 196m

BASSIN DE L'OISE

LAON (Aisne.) Altitude: 155

BERRY au BAC (Aisne.) Altitude: 65m

VENETTE (Oise.) Altitude: 31m

BEAUVAIS (Oise.) Altitude: 70m

PONTOISE (Seine-&-Oise.) Altitude: 33m

En longueur le ½ millimètre indique un jour _ En hauteur le ½ millimètre indique un millimètre d'eau tombée.

6

SERVICE HYDROMÉTRIQUE DU BASSIN DE LA SEINE

OBSERVATIONS PLUVIOMÉTRIQUES FAITES EN

1863

En longueur le ½ millimètre indique un jour _ En hauteur le ½ millimètre indique un millimètre d'eau tombée.

SERVICE HYDROMÉTRIQUE DU BASSIN DE LA SEINE

OBSERVATIONS PLUVIOMÉTRIQUES FAITES EN

1863

Bassin de l'Yonne

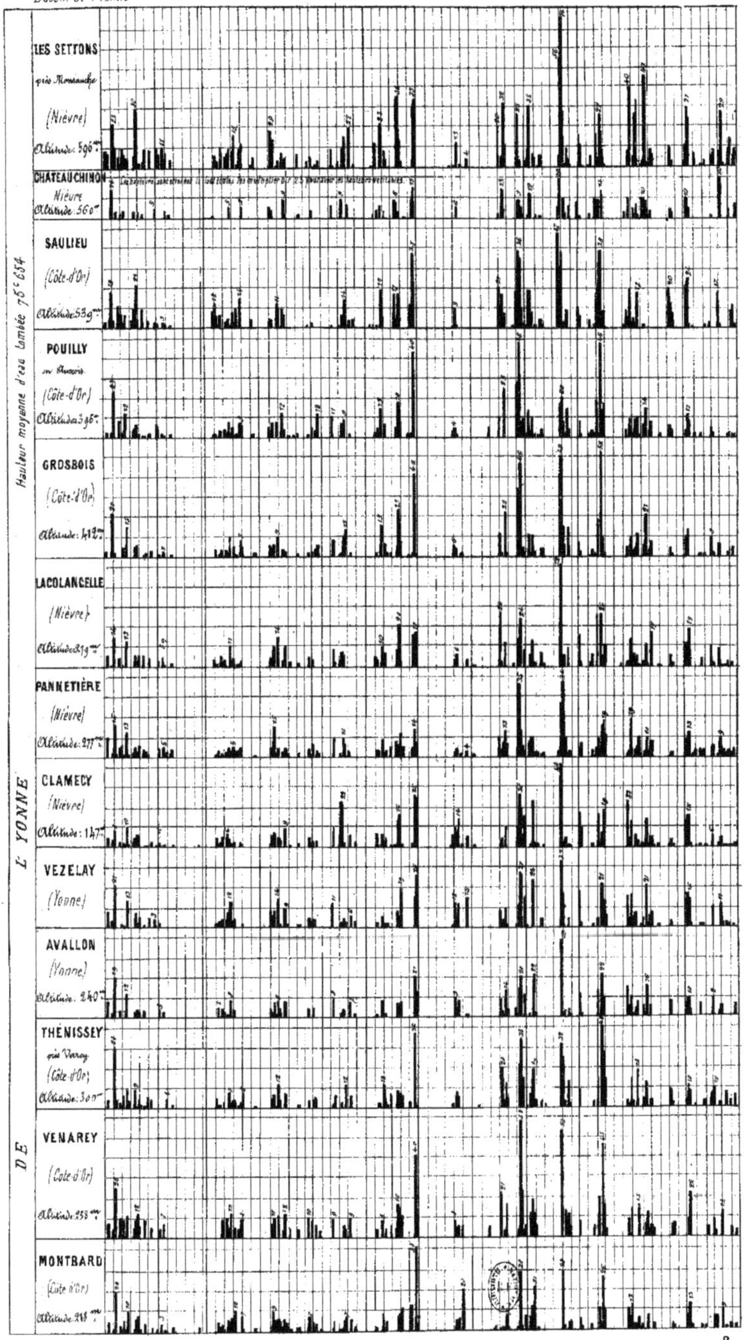

DE L'YONNE

Hauteur moyenne d'eau tombée 75c 654

LES SETTONS près Montsauche (Nièvre) Altitude: 596m

CHATEAU CHINON Nièvre Altitude: 560m

SAULIEU (Côte-d'Or) Altitude: 539m

POUILLY en Auxois (Côte-d'Or) Altitude: 396m

GROSBOIS (Côte-d'Or) Altitude: 412m

LACOLANCELLE (Nièvre) Altitude: 319m

PANNETIÈRE (Nièvre) Altitude: 277m

CLAMECY (Nièvre) Altitude: 147m

VEZELAY (Yonne)

AVALLON (Yonne) Altitude: 240m

THÉNISSEY près Vercy (Côte-d'Or) Altitude: 300m

VENAREY (Côte-d'Or) Altitude: 238m

MONTBARD (Côte-d'Or) Altitude: 218m

En longueur le ½ millimètre indique un jour _ En hauteur le ½ millimètre indique un millimètre d'eau tombée.

SERVICE HYDROMÉTRIQUE DU BASSIN DE LA SEINE

OBSERVATIONS PLUVIOMÉTRIQUES FAITES EN

1863.

Fin du B. de l'Yonne _ B. de l'Oise

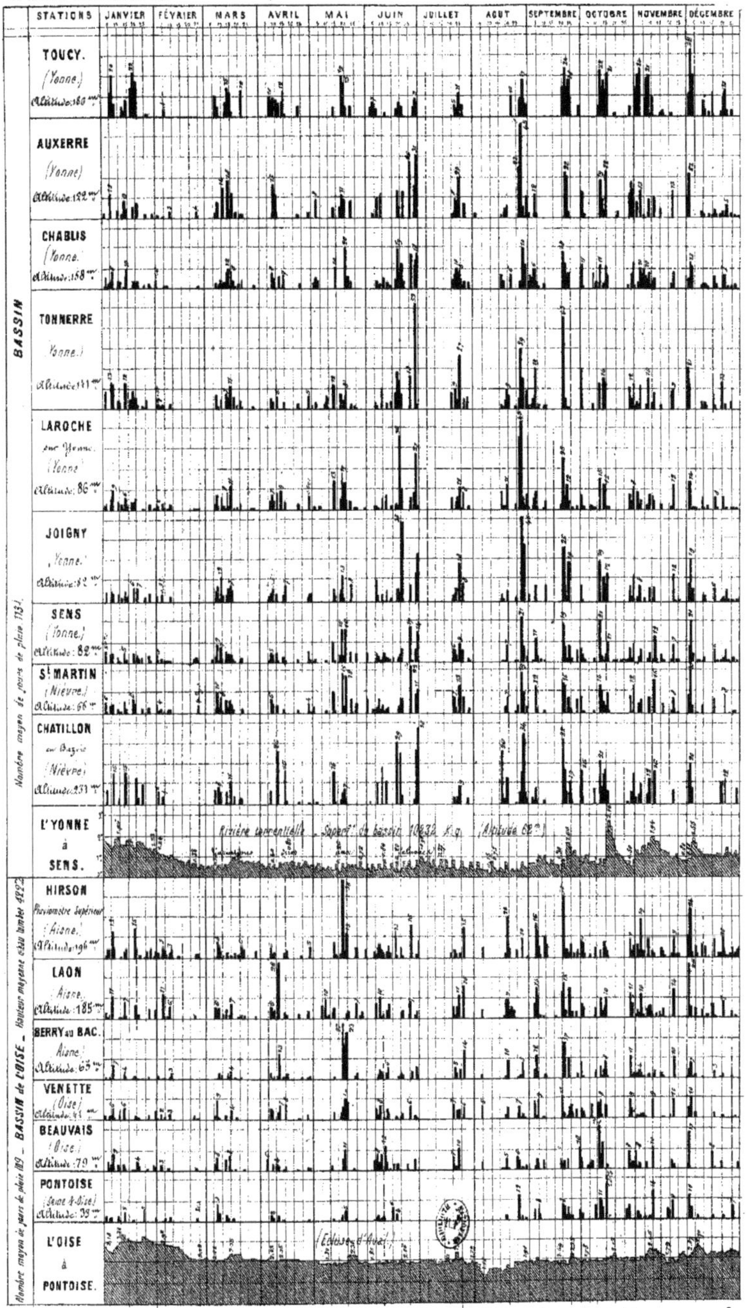

STATIONS | JANVIER | FÉVRIER | MARS | AVRIL | MAI | JUIN | JUILLET | AOUT | SEPTEMBRE | OCTOBRE | NOVEMBRE | DÉCEMBRE

BASSIN

Nombre moyen de jours de pluie 113(?).

TOUCY. (Yonne.) Altitude: 180 m.

AUXERRE (Yonne) Altitude: 122 m.

CHABLIS (Yonne.) Altitude: 158 m.

TONNERRE (Yonne.) Altitude: 141 m.

LAROCHE sur Yonne. (Yonne.) Altitude: 86 m.

JOIGNY (Yonne.) Altitude: 82 m.

SENS (Yonne.) Altitude: 82 m.

St MARTIN (Nièvre.) Altitude: 66 m.

CHATILLON en Bazois (Nièvre.) Altitude: 231 m.

L'YONNE à SENS.

Rivière torrentielle _ Superf. du bassin 10832 K.q. (Altitude 62 m.)

Nombre moyen de jours de pluie 119 _ BASSIN de L'OISE _ Hauteur moyenne d'eau tombée 482(?)

HIRSON Pluviomètre Supérieur (Aisne.) Altitude: 196 m.

LAON (Aisne.) Altitude: 185 m.

BERRY au BAC. (Aisne.) Altitude: 65 m.

VENETTE (Oise.) Altitude: 41 m.

BEAUVAIS (Oise.) Altitude: 79 m.

PONTOISE (Seine & Oise.) Altitude: 39 m.

L'OISE à PONTOISE.

(Écluse d'Aval.)

En longueur le ½ millimètre indique un jour _ En hauteur le ½ millimètre indique un millimètre d'eau tombée.

Nombre moyen de jours de pluie pour tout le bassin de la Seine
105.7

SERVICE HYDROMÉTRIQUE DU BASSIN DE LA SEINE

OBSERVATIONS PLUVIOMÉTRIQUES FAITES EN 1864

Hauteur moyenne d'eau tombée pour tout le bassin de la Seine
541.27

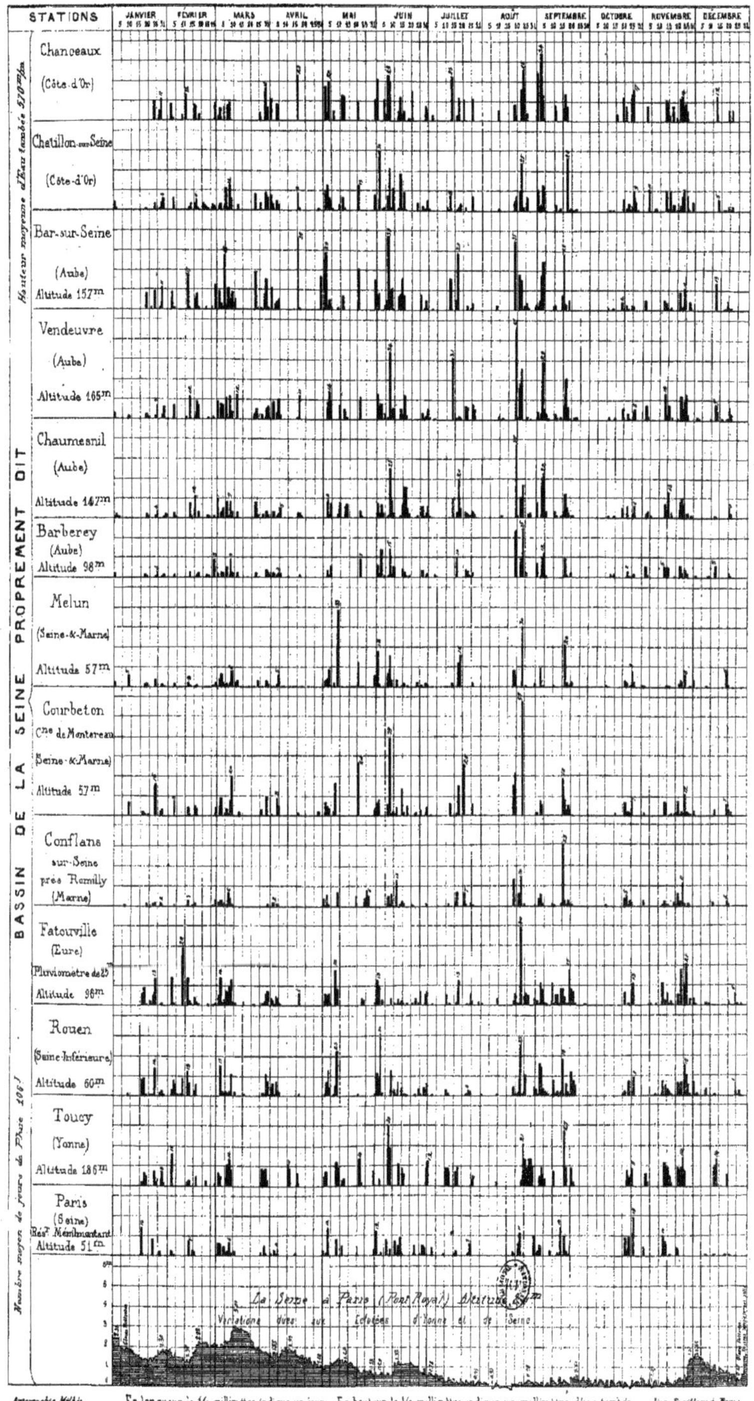

Autographie Mathis

En longueur le ½ millimètre indique un jour _ En hauteur le ½ millimètre indique un millimètre d'eau tombée.

Imp. Fraillery à Paris.

Nombre moyen de jours de pluie pour tout le bassin de la Seine 105j,7

SERVICE HYDROMÉTRIQUE DU BASSIN DE LA SEINE

OBSERVATIONS PLUVIOMÉTRIQUES FAITES EN 1864.

Hauteur moyenne d'eau tombée pour tout le bassin de la Seine 541m/m,69

Bassin de l'Yonne.

Les moyennes des hauteurs & des nombres de jours de pluie de l'ensemble du bassin de la Seine inscrites ci-dessus, ont été obtenues en tenant compte de la surface des formations géologiques qui y sont comprises.

BASSIN DE L'YONNE

Hauteur moyenne d'eau tombée 595 m/m.

Nombre moyen de jours de pluie 107.

STATIONS	JANVIER	FÉVRIER	MARS	AVRIL	MAI	JUIN	JUILLET	AOÛT	SEPTEMBRE	OCTOBRE	NOVEMBRE	DÉCEMBRE
Les Settons près Montsauche (Nièvre) Altitude : 597m												
Chateau-Chinon (Nièvre) Altitude : 550m												
Saulieu (Côte d'Or) Altitude : 539m												
Pouilly en Auxois (Côte d'Or) Altitude : 396m												
Grosbois (Côte d'Or) Altitude : 412m												
Lacolancelle (Nièvre) Altitude : 279m												
Pannetière (Nièvre) Altitude : 272m												
Clamecy (Nièvre) Altitude : 147m												
Vezelay (Yonne)												
Avallon (Yonne) Altitude : 240m												
Themissey près Verrey (Côte d'Or) Altitude : 300m												
Marigny le Cahouet (Côte d'Or)												
Montbard (Côte d'Or) Altitude : 218m												
Auxerre (Yonne) Altitude : 122m												
Chablis (Yonne) Altitude : 156m												
Tonnerre (Yonne) Altitude : 140m												
Laroche sur Yonne (Yonne) Altitude : 86m												
Joigny (Yonne) Altitude : 82m												
Sens (Yonne) Altitude : 68m												
St Martin Yonne Altitude : 66m												

L'YONNE A SENS. Rivière torrentielle. Superf.e du bassin 10232 K. q. Altitude 62 m.

Variations des eaux aux Écluses

En longueur le ½ millimètre indique un jour — En hauteur le ½ millimètre indique un millimètre d'eau tombée.

Nombre moyen de jours de pluie pour tout le bassin de la Seine 106

SERVICE HYDROMÉTRIQUE DU BASSIN DE LA SEINE

OBSERVATIONS PLUVIOMÉTRIQUES FAITES EN 1864

Hauteur moyenne d'eau tombée pour tout le bassin de la Seine 512 m/m

Bassin de la Marne. Bassin de l'Oise.

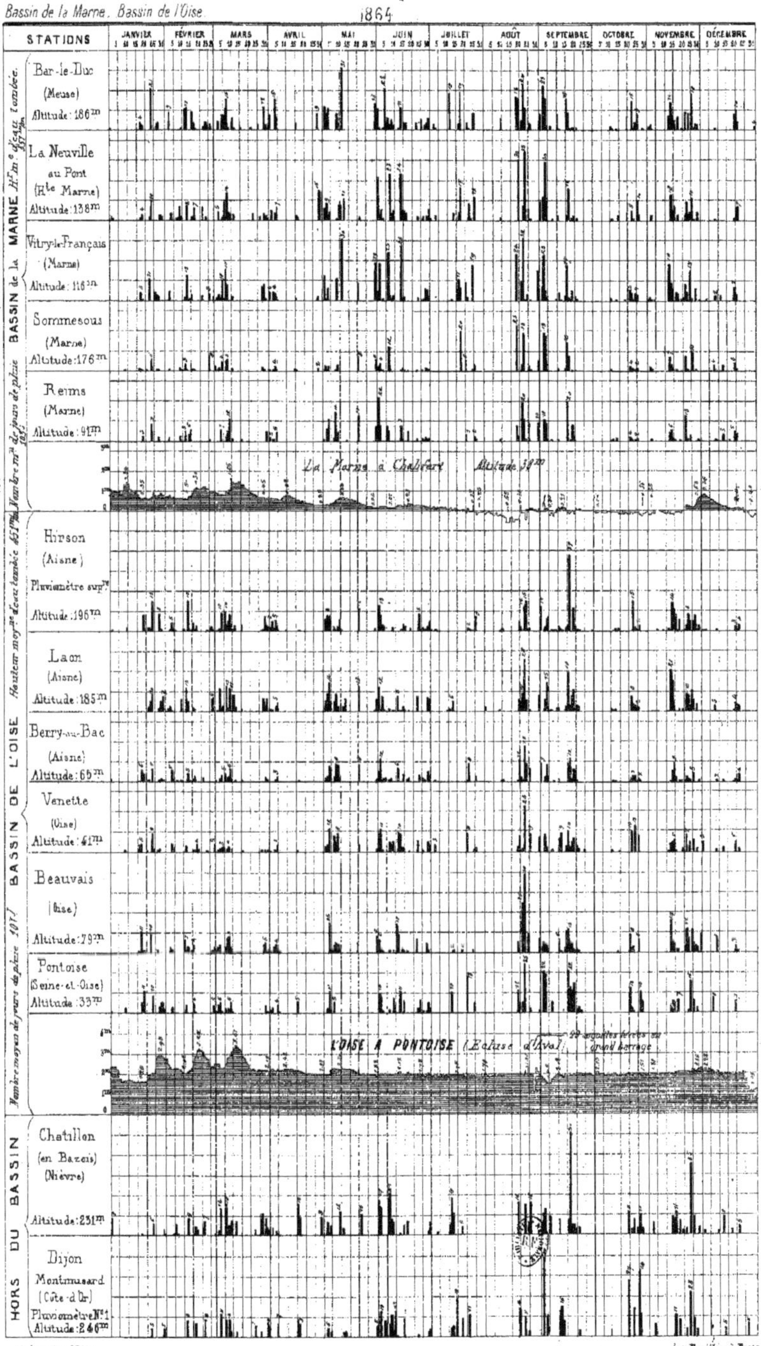

STATIONS — JANVIER, FÉVRIER, MARS, AVRIL, MAI, JUIN, JUILLET, AOÛT, SEPTEMBRE, OCTOBRE, NOVEMBRE, DÉCEMBRE

BASSIN de la MARNE

Bar-le-Duc (Meuse) Altitude: 186m

La Neuville au Pont (Hte Marne) Altitude: 138m

Vitry-le-Français (Marne) Altitude: 116m

Sommesous (Marne) Altitude: 176m

Reims (Marne) Altitude: 91m

La Marne à Chalifert Altitude 39m

BASSIN DE L'OISE

Hirson (Aisne) Pluviomètre supr. Altitude: 196m

Laon (Aisne) Altitude: 185m

Berry-au-Bac (Aisne) Altitude: 65m

Venette (Oise) Altitude: 41m

Beauvais (Oise) Altitude: 79m

Pontoise (Seine-et-Oise) Altitude: 33m

L'OISE A PONTOISE (Écluse d'Iva) — 29 aiguilles levées au grand barrage

HORS DU BASSIN

Chatillon (en Bazois) (Nièvre) Altitude: 231m

Dijon Montmusard (Côte-d'Or) Pluviomètre No 1 Altitude: 246m

Les moyennes des hauteurs & des nombres de jours de pluie de l'ensemble du bassin de la Seine inscrites ci-dessus, ont été obtenues en tenant compte de la surface des formations géologiques qui y sont comprises.

Autographie Milhès — Imp. Prailloy à Paris

En longueur le ½ millimètre indique un jour — En hauteur le ½ millimètre indique un millimètre d'eau tombée.

SERVICE HYDROMÉTRIQUE DU BASSIN DE LA SEINE

OBSERVATIONS PLUVIOMÉTRIQUES FAITES EN

1865.

Bassin de la Seine.

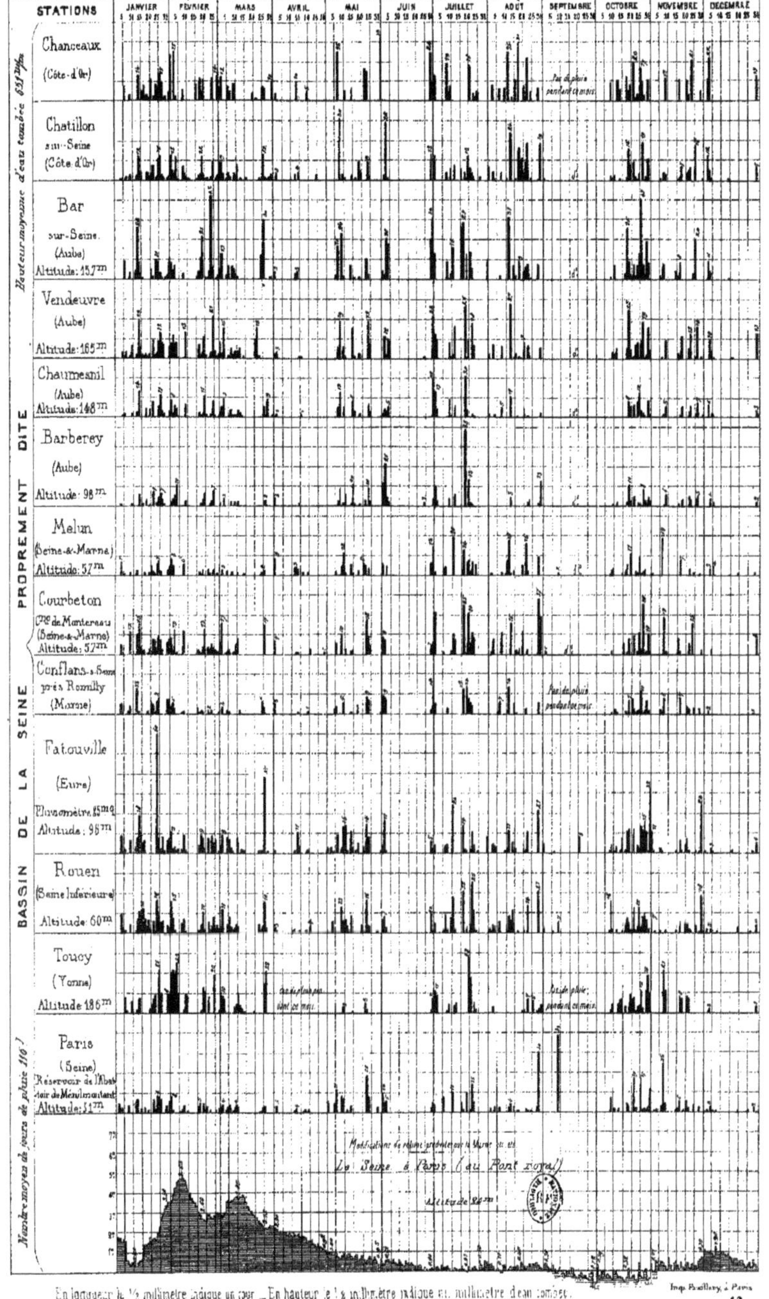

En longueur le ½ millimètre indique un jour. _ En hauteur le ½ millimètre indique un millimètre d'eau tombée.

Imp. Pouillery, à Paris.

Nombre moyen de jours de pluie pour tout le bassin de la Seine

SERVICE HYDROMÉTRIQUE DU BASSIN DE LA SEINE

OBSERVATIONS PLUVIOMÉTRIQUES FAITES EN 1865.

Hauteur moyenne d'eau tombée pour tout le bassin de la Seine

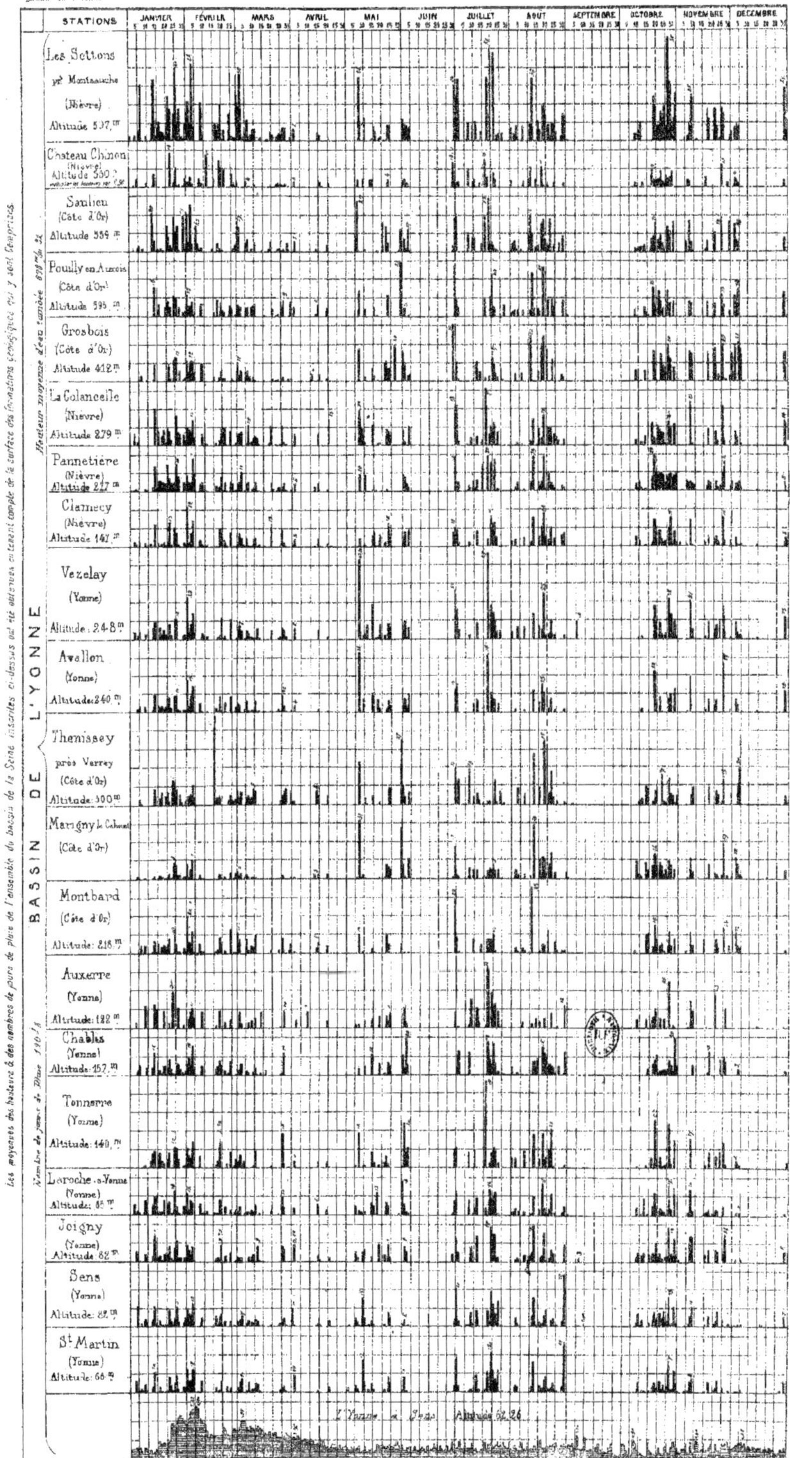

J. Milhès, Autographe.

En longueur le ½ millimètre indique un jour. En hauteur le ½ millimètre indique un millimètre d'eau tombée.

Imp. Bailly & Cie

SERVICE HYDROMÉTRIQUE DU BASSIN DE LA SEINE

OBSERVATIONS PLUVIOMÉTRIQUES FAITES EN

1865

Bassin de la Marne. Bassin de l'Oise.

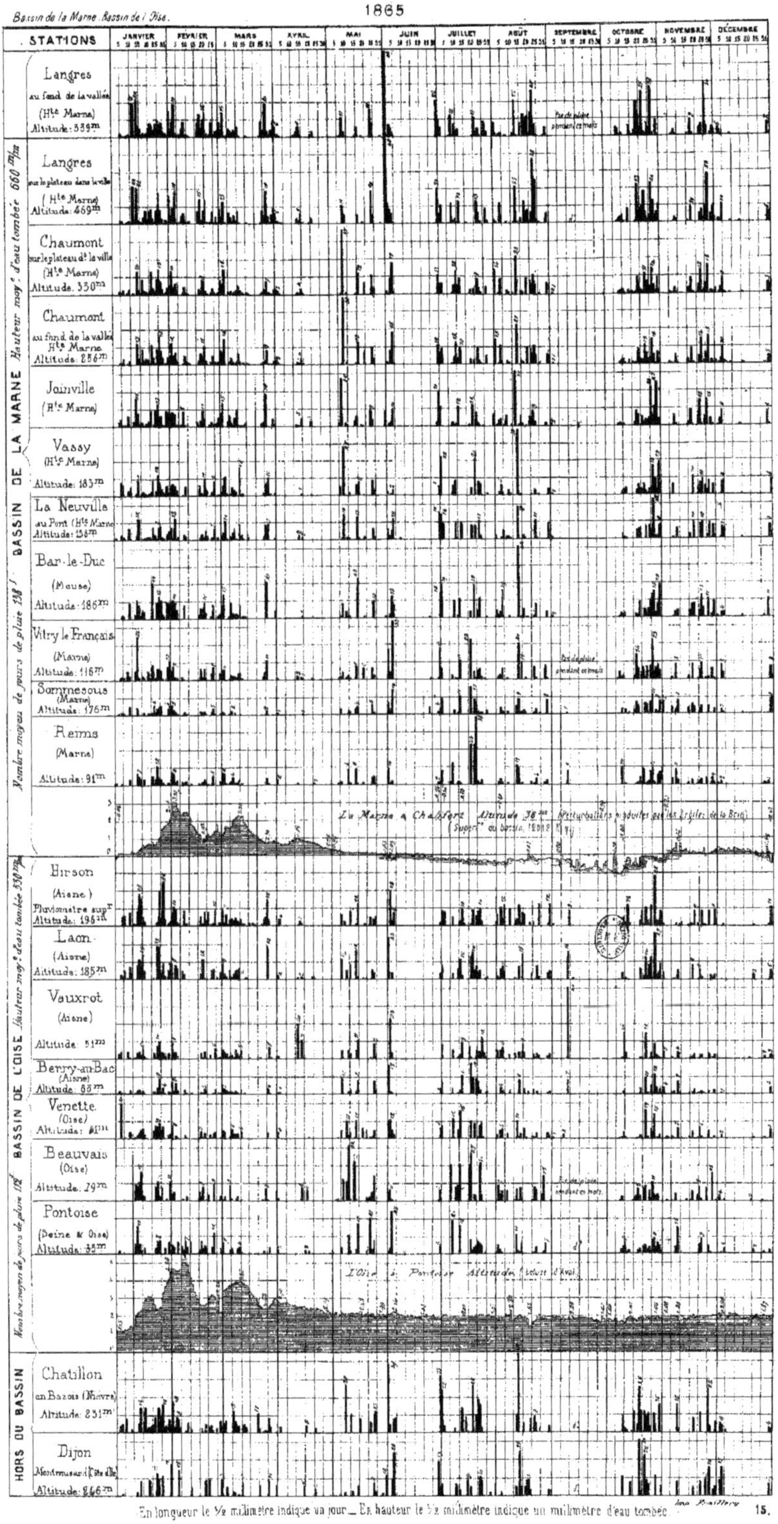

STATIONS	JANVIER	FÉVRIER	MARS	AVRIL	MAI	JUIN	JUILLET	AOÛT	SEPTEMBRE	OCTOBRE	NOVEMBRE	DÉCEMBRE
BASSIN DE LA MARNE — Hauteur moy.e d'eau tombée 660 m/m — Nombre moyen de jours de pluie 138 j												
Langres au fond de la vallée (Hte Marne) Altitude: 339m									Pas de pluie pendant ce mois			
Langres sur le plateau dans la ville (Hte Marne) Altitude: 469m												
Chaumont sur le plateau dt la ville (Hte Marne) Altitude: 330m												
Chaumont au fond de la vallée Hte Marne Altitude: 256m												
Joinville (Hte Marne)												
Vassy (Hte Marne) Altitude: 183m												
La Neuville au Pont (Hte Marne) Altitude: 156m												
Bar-le-Duc (Meuse) Altitude: 186m												
Vitry le Français (Marne) Altitude: 116m									Pas de pluie pendant ce mois			
Sommesous (Marne) Altitude: 176m												
Reims (Marne) Altitude: 91m												
La Marne à Chalifert Altitude 38m (Perturbations produites par les Écluses de la Brie) (Superf.e du bassin 12000 k.q.)												
BASSIN DE L'OISE — Hauteur moy.e d'eau tombée 530 m/m — Nombre moyen de jours de pluie 112 j												
Hirson (Aisne) Pluviomètre supr Altitude: 196m												
Laon (Aisne) Altitude: 185m												
Vauxrot (Aisne) Altitude: 51m												
Berry-au-Bac (Aisne) Altitude: 66m												
Venette (Oise) Altitude: 31m												
Beauvais (Oise) Altitude: 79m									Pas de pluie pendant ce mois			
Pontoise (Seine & Oise) Altitude: 33m												
L'Oise à Pontoise Altitude (Écluse d'aval)												
HORS DU BASSIN												
Chatillon en Bazois (Nièvre) Altitude: 231m												
Dijon Montmusard (Côte d'Or) Altitude: 266m												

En longueur le ½ millimètre indique un jour — En hauteur le ½ millimètre indique un millimètre d'eau tombée.

Imp. Bailleux

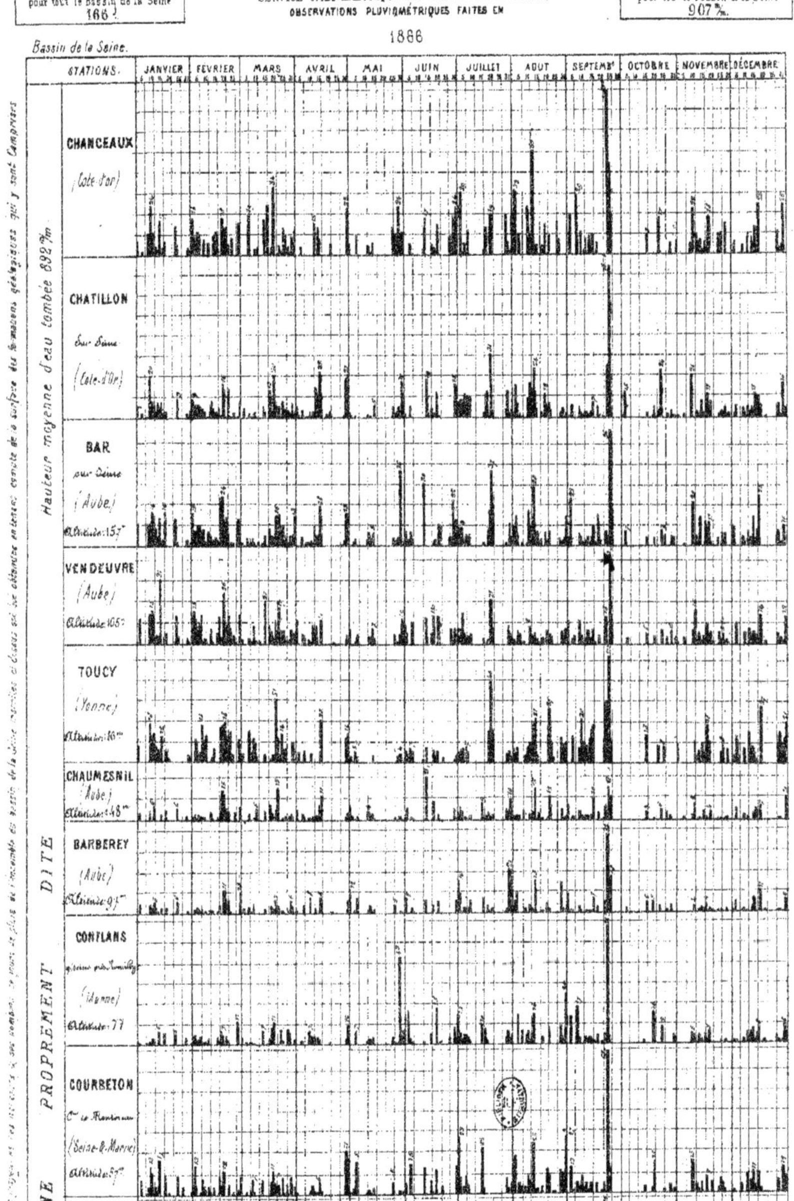

16

En longueur le ½ millimètre indique un jour — En hauteur le ½ millimètre indique un millimètre d'eau tombée.

SERVICE HYDROMÉTRIQUE DU BASSIN DE LA SEINE

OBSERVATIONS PLUVIOMÉTRIQUES FAITES EN

1866

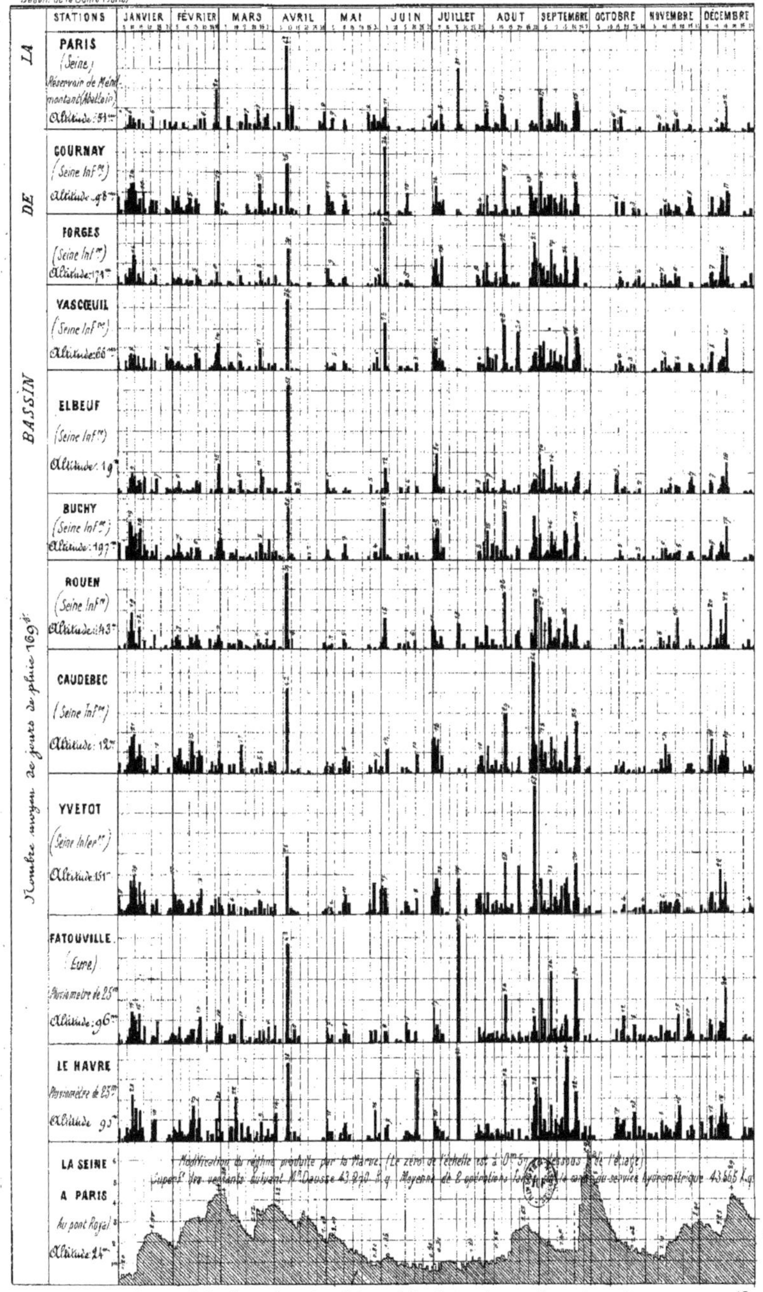

En longueur le ½ millimètre indique un jour. En hauteur le ½ millimètre indique un millimètre d'eau tombée.

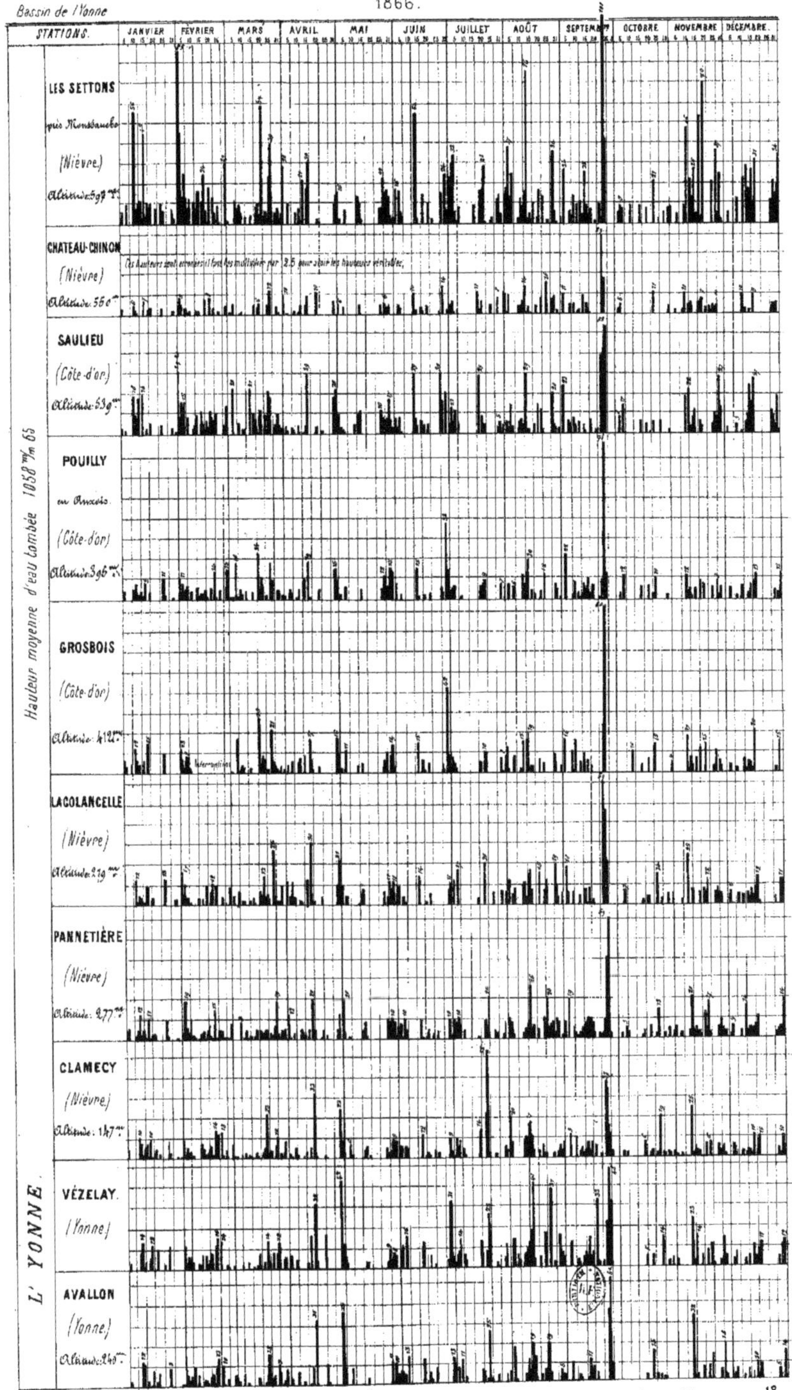

En longueur le ½ millimetre indique un jour _ En hauteur le ½ millimètre indique un millimètre d'eau tombée.

SERVICE HYDROMÉTRIQUE DU BASSIN DE LA SEINE

OBSERVATIONS PLUVIOMÉTRIQUES FAITES EN

Bassin de l'Yonne. | JANVIER | FÉVRIER | MARS | AVRIL | MAI | JUIN | JUILLET | AOUT | SEPTEMBRE | OCTOBRE | NOVEMBRE | DÉCEMBRE

BASSIN DE

THENISSEY. Près Verrey (Côte d'or) Altitude. 300m

MARIGNY Le Cahouet (Côte d'or)

MONTBARD (Côte d'Or.) Altitude. 215m

TONNERRE. (Yonne) Altitude. 147m

CHABLIS. (Yonne) Altitude. 138m

AUXERRE (Yonne) Altitude. 122m

LAROCHE (Sur-Yonne) (Yonne) Altitude. 86m

JOIGNY. (Yonne.)

SENS (Yonne) Altitude. 82m

St MARTIN (Yonne) Altitude. 66m

L'YONNE

Nombre moyen de jours de pluie 157j

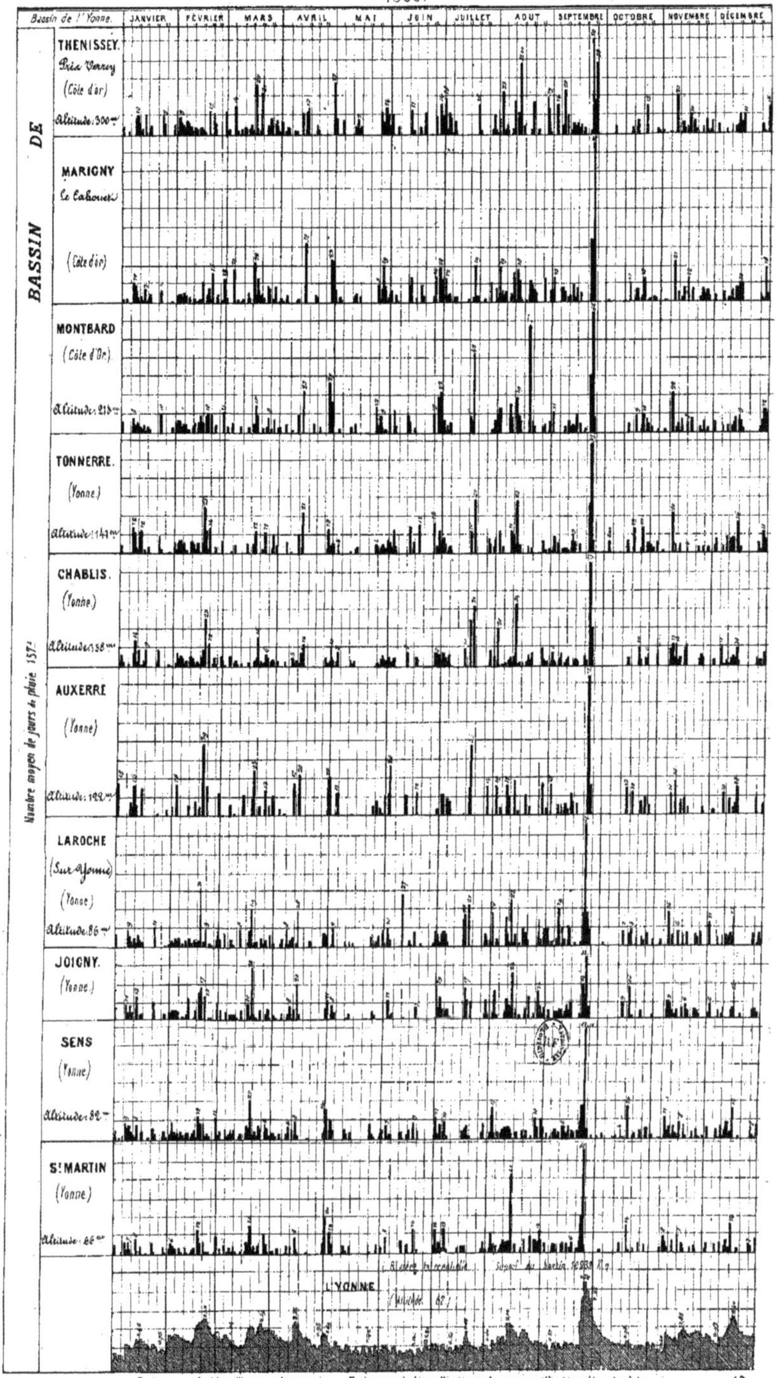

En longueur le 1/2 millimètre indique un jour_ En hauteur le 1/2 millimètre indique un millimètre d'eau tombée.

Nombre moyen de jours de pluie pour tout le bassin de la Seine 166 j.

SERVICE HYDROMÉTRIQUE DU BASSIN DE LA SEINE

OBSERVATIONS PLUVIOMÉTRIQUES FAITES EN 1866.

Hauteur moyenne d'eau tombée pour tout le bassin de la Seine 907m

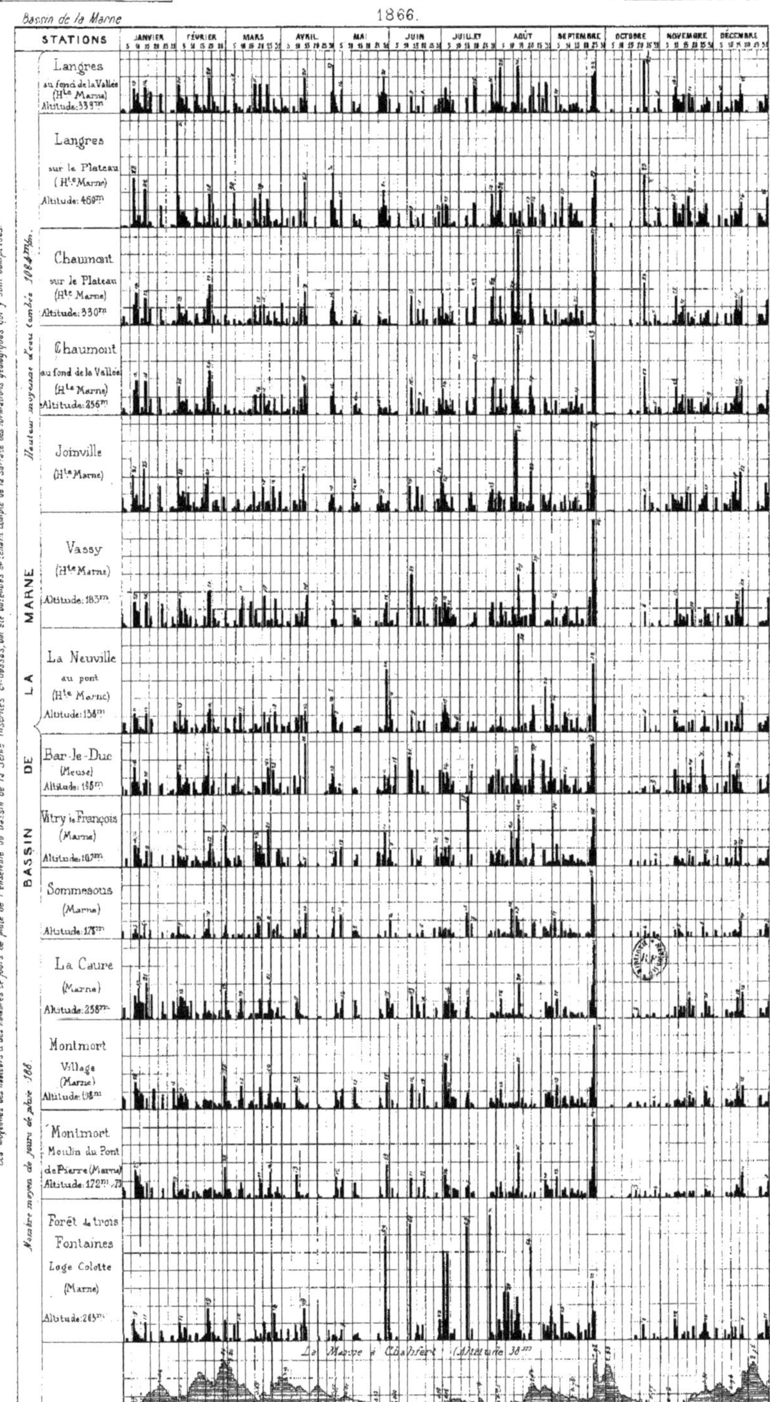

Les moyennes des hauteurs d'eau et des nombres de jours de pluie de l'ensemble du bassin de la Seine inscrites ci-dessus, ont été obtenues en tenant compte de la surface des formations géologiques qui y sont comprises.

Autographie H. Hilbés

En longueur le ½ millimètre indique un jour. En hauteur le ½ millimètre indique un millimètre d'eau tombée

Nombre moyen de jours de pluie pour tout le bassin de la Seine 166 j.

SERVICE HYDROMÉTRIQUE DU BASSIN DE LA SEINE

OBSERVATIONS PLUVIOMÉTRIQUES FAITES EN 1866.

Hauteur moyenne d'eau tombée pour tout le bassin de la Seine 937 m/m

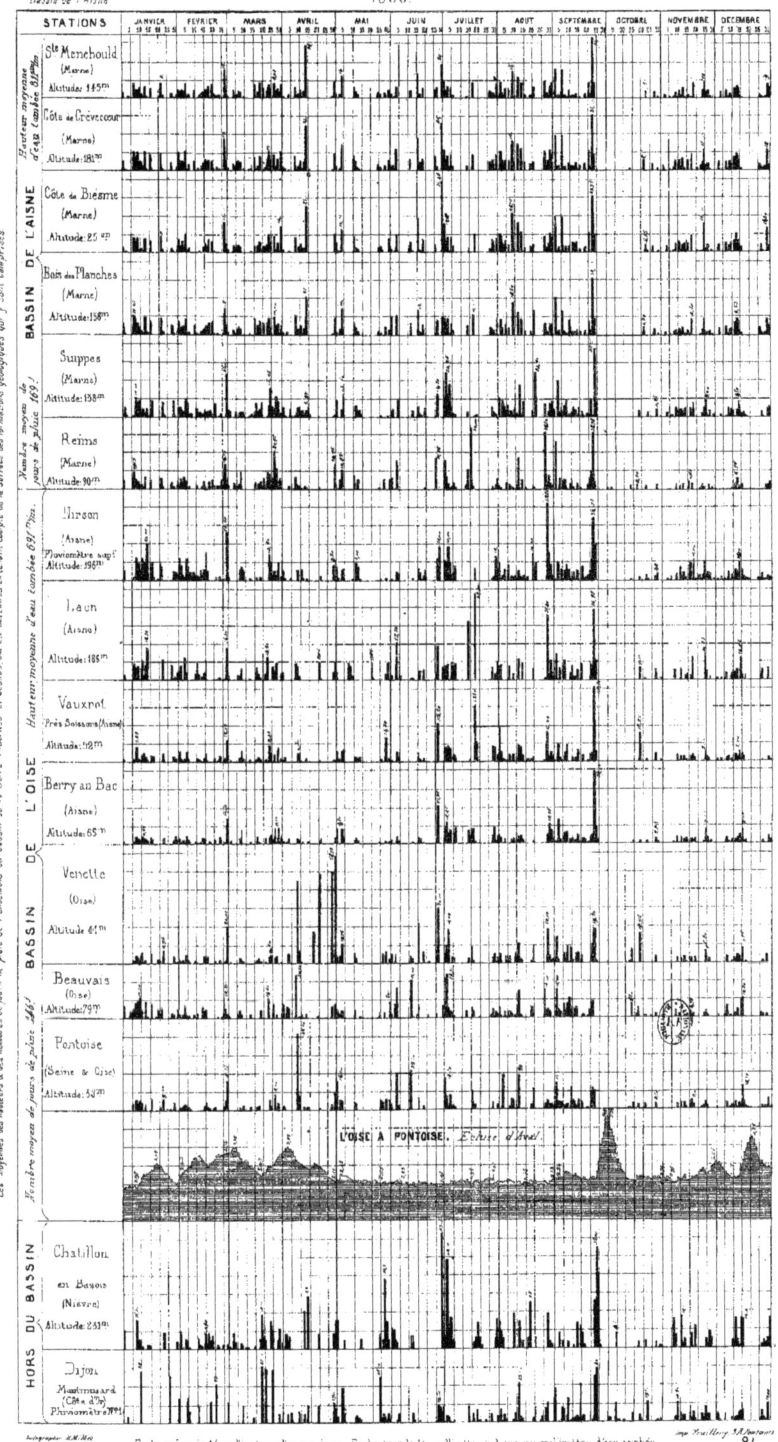

En longueur le ½ millimètre indique un jour _ En hauteur le ½ millimètre indique un millimètre d'eau tombée.

SERVICE HYDROMÉTRIQUE DU BASSIN DE LA SEINE

OBSERVATIONS PLUVIOMÉTRIQUES FAITES EN

1867

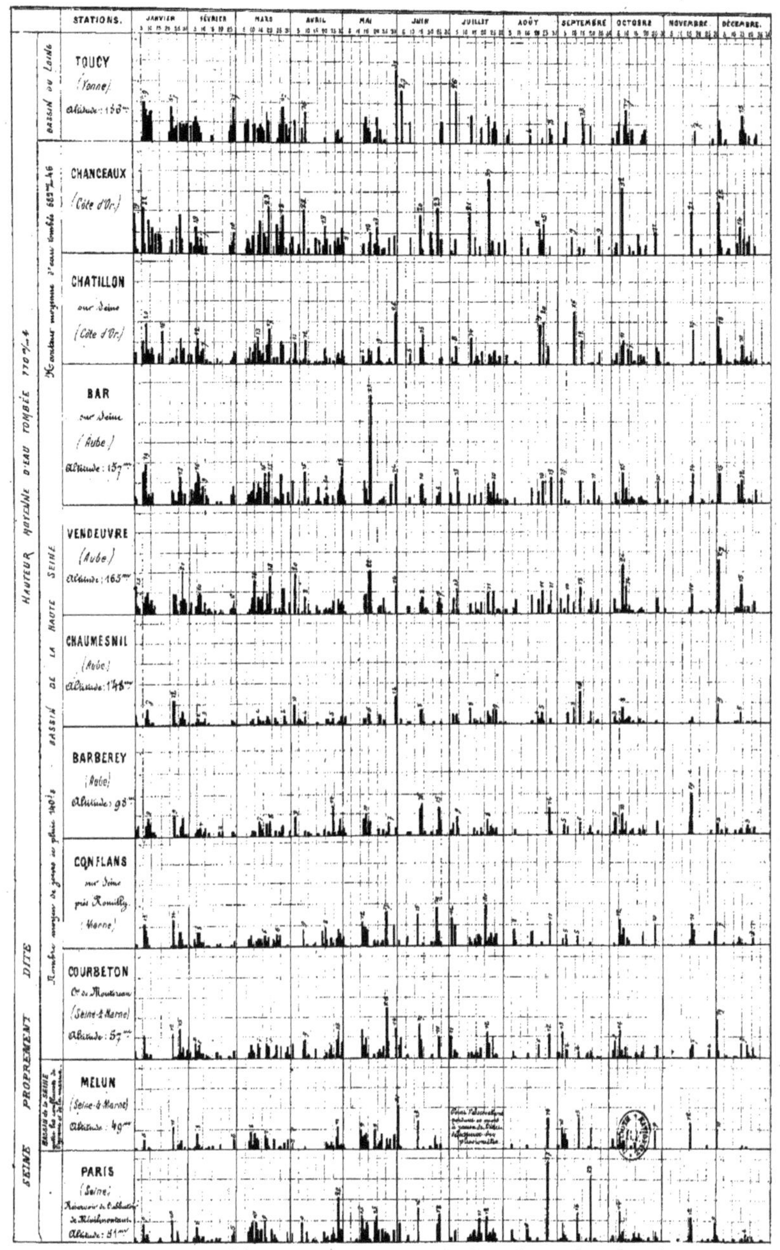

En longueur le ½ millimètre indique un jour — En hauteur le ½ millimètre indique un millimètre d'eau tombée.

SERVICE HYDROMÉTRIQUE DU BASSIN DE LA SEINE

OBSERVATIONS PLUVIOMÉTRIQUES FAITES EN

1867.

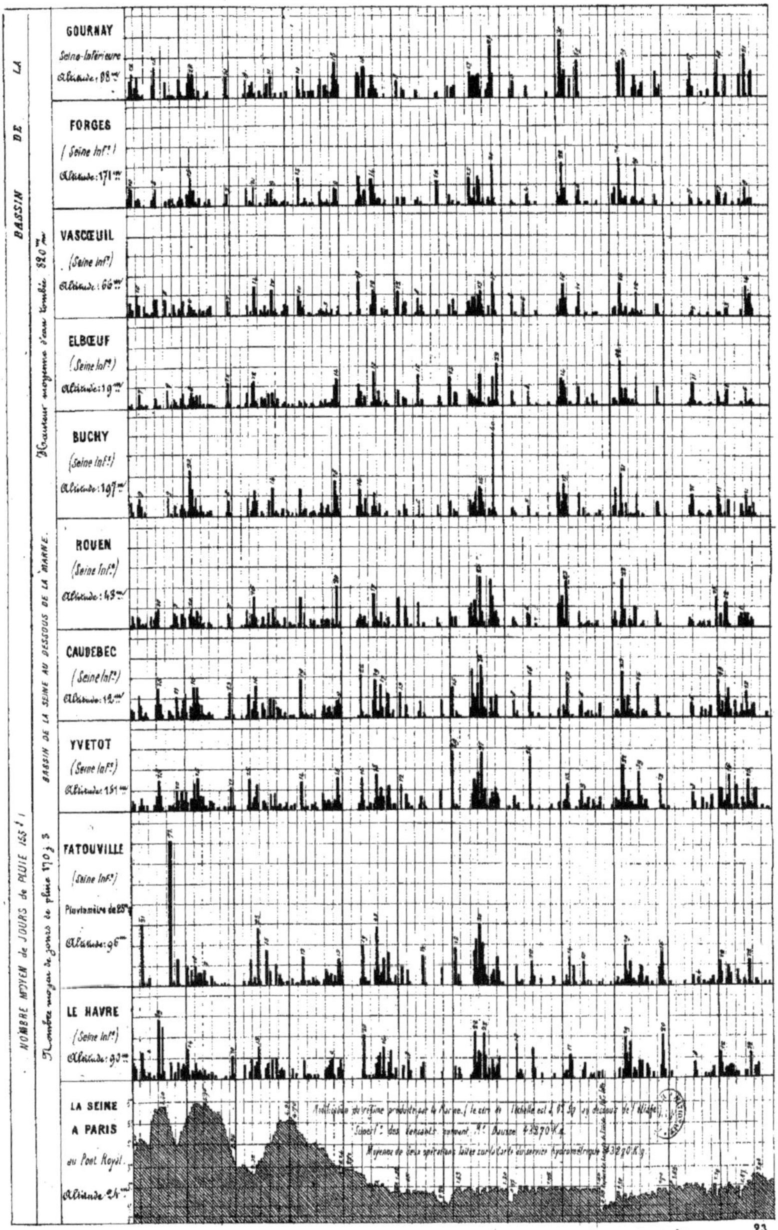

BASSIN DE LA

Hauteur moyenne d'eau tombée 820mm

BASSIN DE LA SEINE AU DESSOUS DE LA MARNE.

NOMBRE MOYEN DE JOURS DE PLUIE 155j.1

Nombre moyen de jours de pluie 170j.3

GOURNAY
Seine-Inférieure
Altitude : 98m

FORGES
(Seine Infre)
Altitude : 171m

VASCŒUIL
(Seine Infre)
Altitude : 66m

ELBŒUF
(Seine Infre)
Altitude : 19m

BUCHY
(Seine Infre)
Altitude : 197m

ROUEN
(Seine Infre)
Altitude : 43m

CAUDEBEC
(Seine Infre)
Altitude : 12m

YVETOT
(Seine Infre)
Altitude : 151m

FATOUVILLE
(Seine Infre)
Pluviomètre de 25m
Altitude : 96m

LE HAVRE
(Seine Infre)
Altitude : 93m

LA SEINE
A PARIS
au Pont Royal.
Altitude 24m

En longueur le ½ millimètre indique un jour _ En hauteur le ½ millimètre indique un millimètre d'eau tombée.

Nombre moyen de jours de pluie pour tout le bassin de la Seine 151 j.

SERVICE HYDROMÉTRIQUE DU BASSIN DE LA SEINE

OBSERVATIONS PLUVIOMÉTRIQUES FAITES EN

1867.

Hauteur moyenne d'eau tombée pour tout le bassin de la Seine 724%

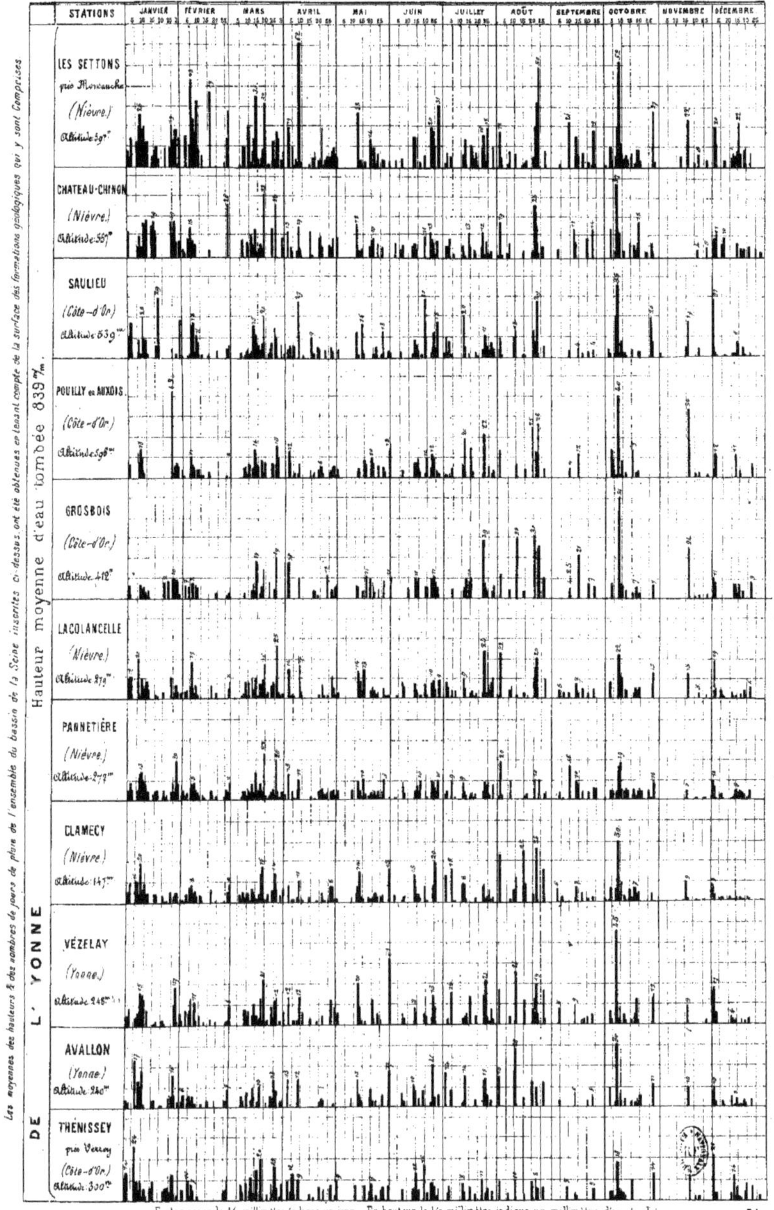

En longueur le ½ millimètre indique un jour. — En hauteur le ½ millimètre indique un millimètre d'eau tombée.

SERVICE HYDROMÉTRIQUE DU BASSIN DE LA SEINE

OBSERVATIONS PLUVIOMÉTRIQUES FAITES EN

Bassin de l'Yonne 1867.

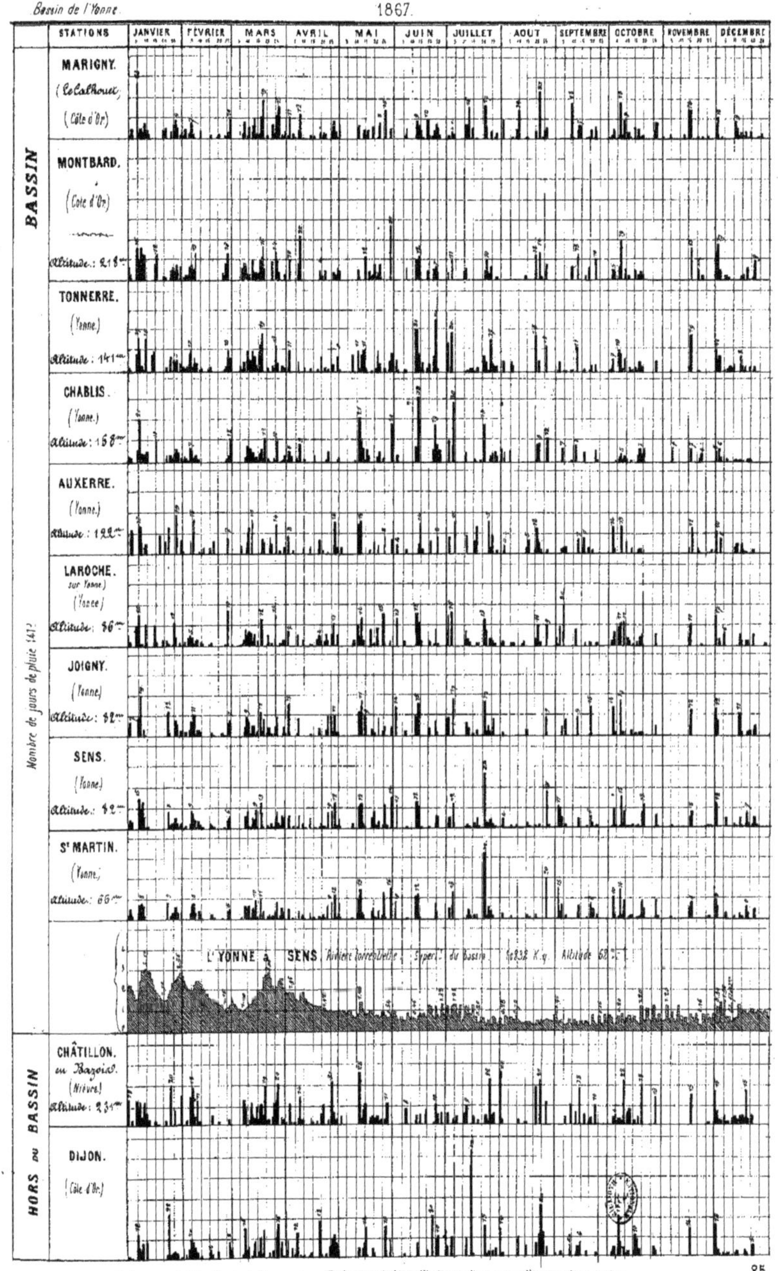

En longueur le ½ millimètre indique un jour _ En hauteur le ½ millimètre indique un millimètre d'eau tombée.

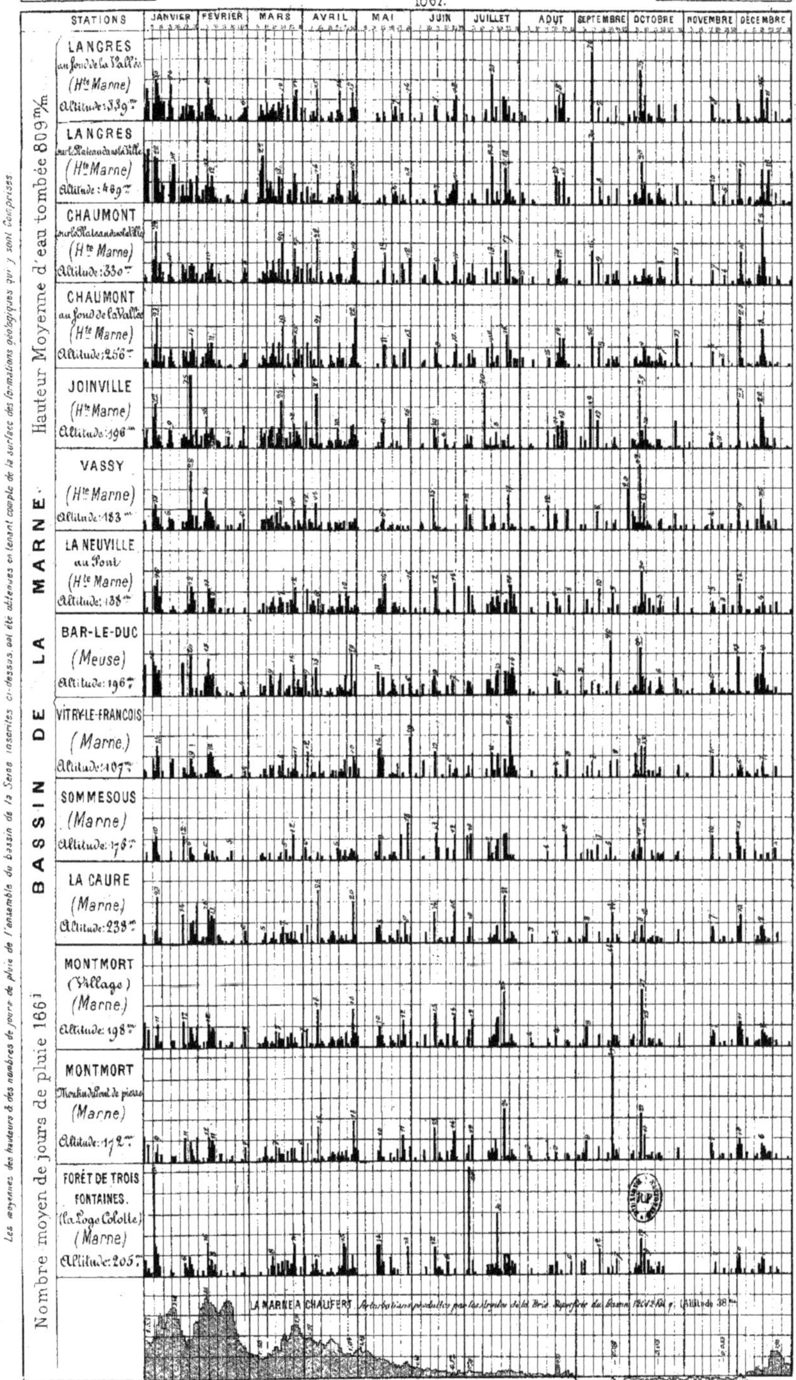

En longueur le ½ millimètre indique un jour _ En hauteur le ½ millimètre indique un millimètre d'eau tombée.

Nombre moyen de jours de pluie pour tout le bassin de la Seine 151 j

SERVICE HYDROMÉTRIQUE DU BASSIN DE LA SEINE

OBSERVATIONS PLUVIOMÉTRIQUES FAITES EN

1867

Hauteur moyenne d'eau tombée pour tout le bassin de la Seine 724%.

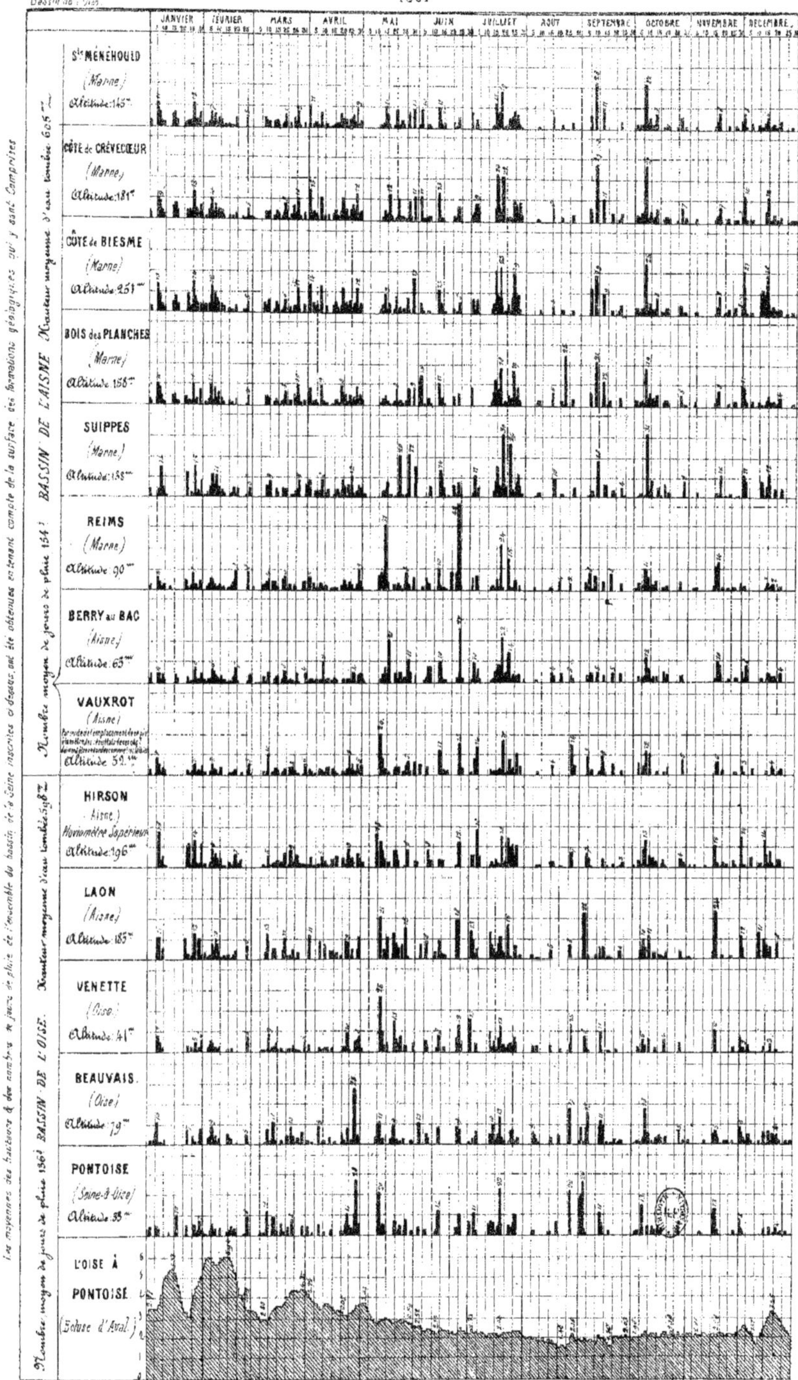

En longueur le ½ millimètre indique un jour _ En hauteur le ½ millimètre indique un millimètre d'eau tombée

SERVICE HYDROMÉTRIQUE DU BASSIN DE LA SEINE

OBSERVATIONS PLUVIOMÉTRIQUES FAITES EN

1868

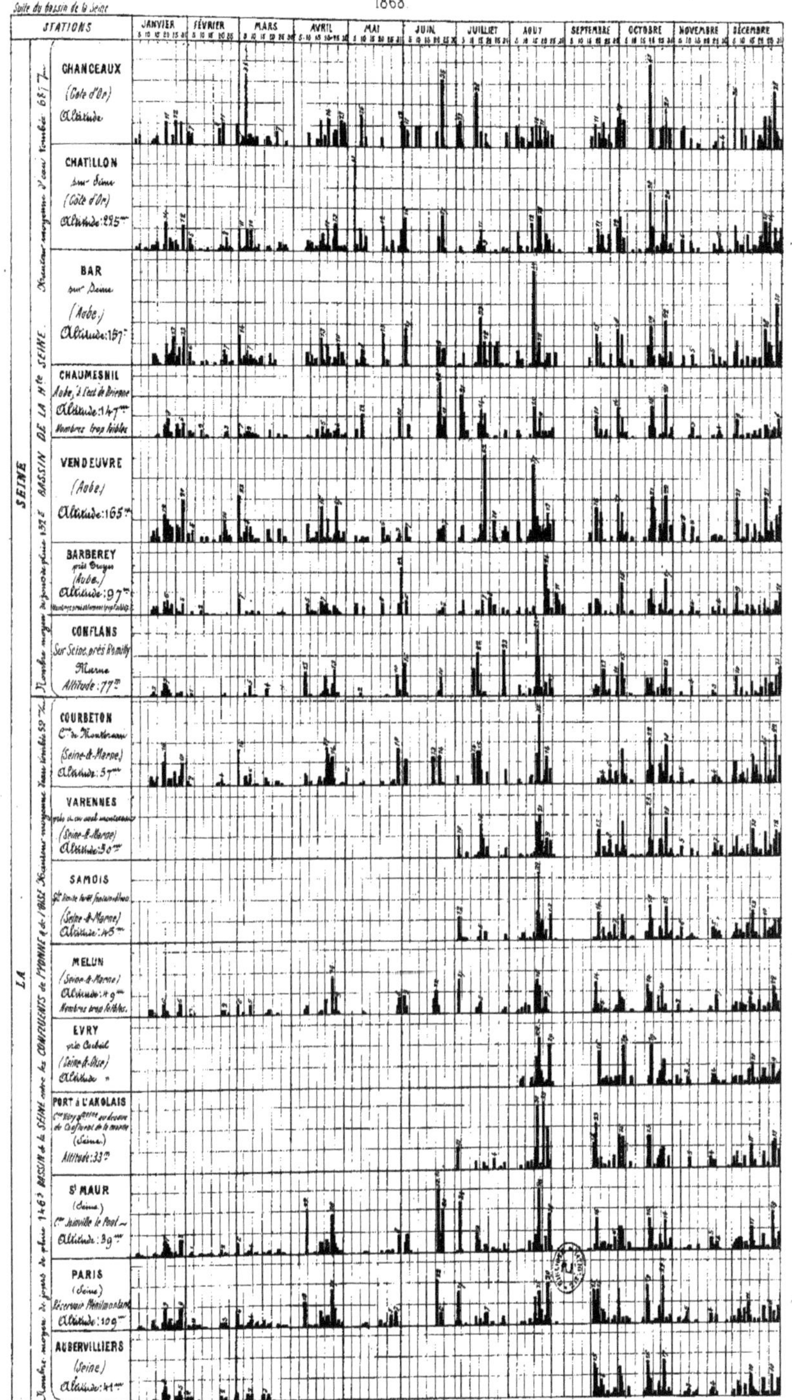

En longueur le ½ millimètre indique un jour. En hauteur le ½ millimètre indique un millimètre d'eau tombée.

SERVICE HYDROMÉTRIQUE DU BASSIN DE LA SEINE

OBSERVATIONS PLUVIOMÉTRIQUES FAITES EN

1868.

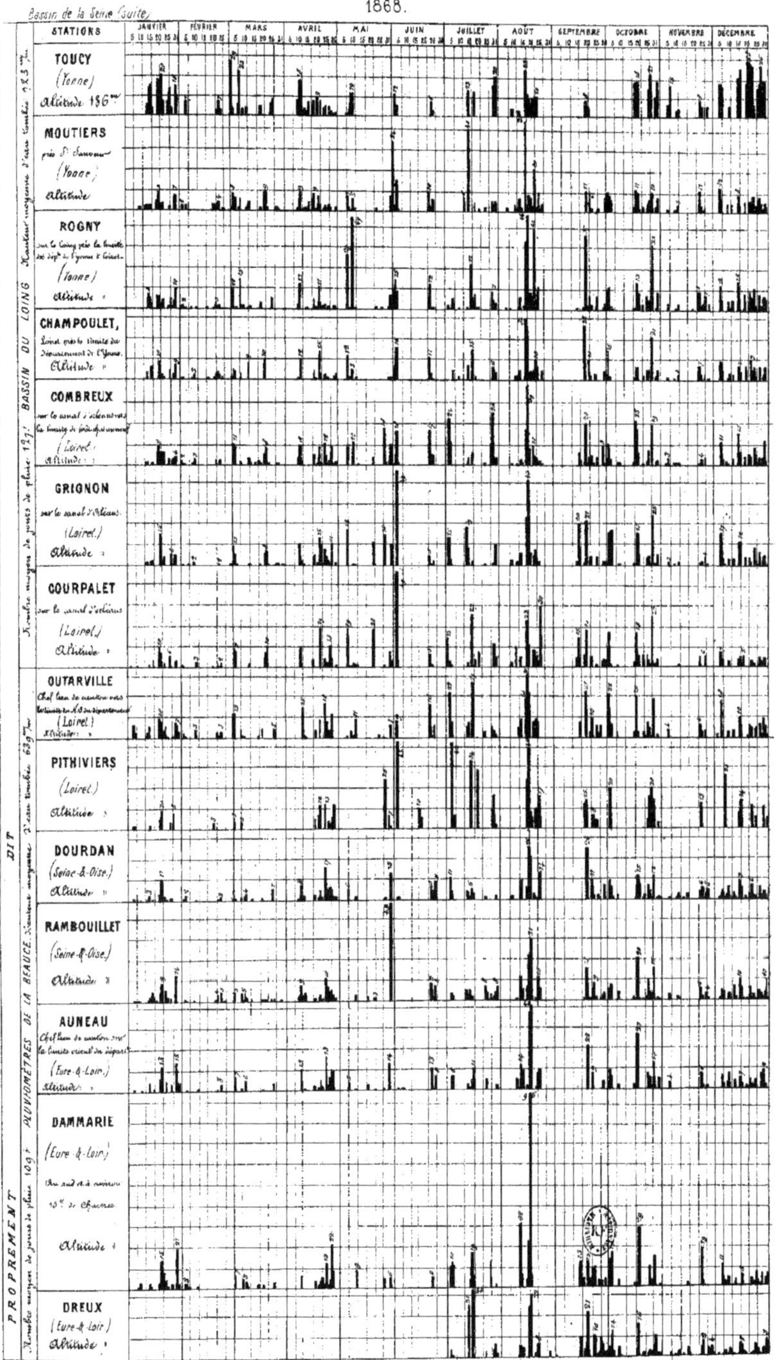

En longueur le 1/3 millimètre indique un jour. En hauteur le 1/2 millimètre indique un millimètre d'eau tombée.

Nombre moyen de jours de pluie pour tout le bassin de la Seine 153 J

SERVICE HYDROMÉTRIQUE DU BASSIN DE LA SEINE

OBSERVATIONS PLUVIOMÉTRIQUES FAITES EN 1868.

Hauteur moyenne d'eau tombée pour tout le bassin de la Seine 655 m/m.

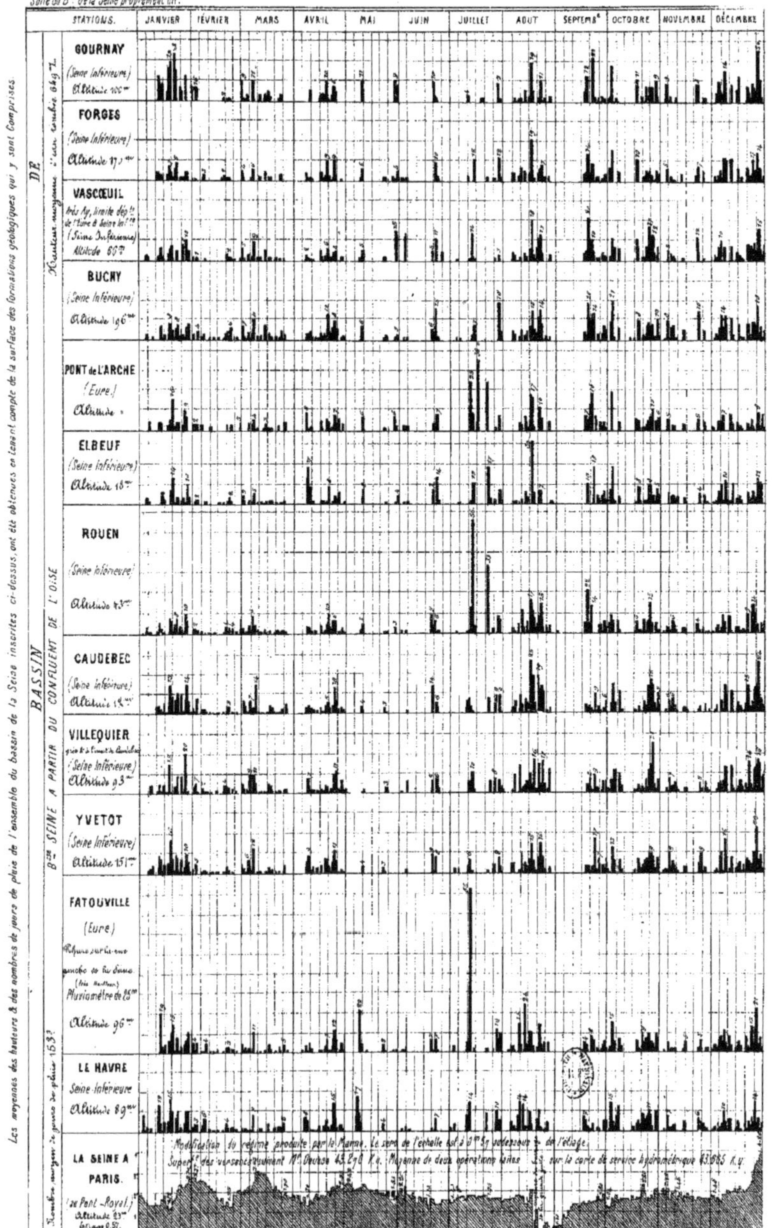

En longueur le ½ millimètre indique un jour _ En hauteur le ½ millimètre indique un millimètre d'eau tombée.

Nombre moyen de jours de pluie pour tout le bassin de la Seine 133 j.

SERVICE HYDROMÉTRIQUE DU BASSIN DE LA SEINE

OBSERVATIONS PLUVIOMÉTRIQUES FAITES EN 1868

Hauteur moyenne d'eau tombée pour tout le bassin de la Seine 655 m/m.

Bassin de l'Yonne.

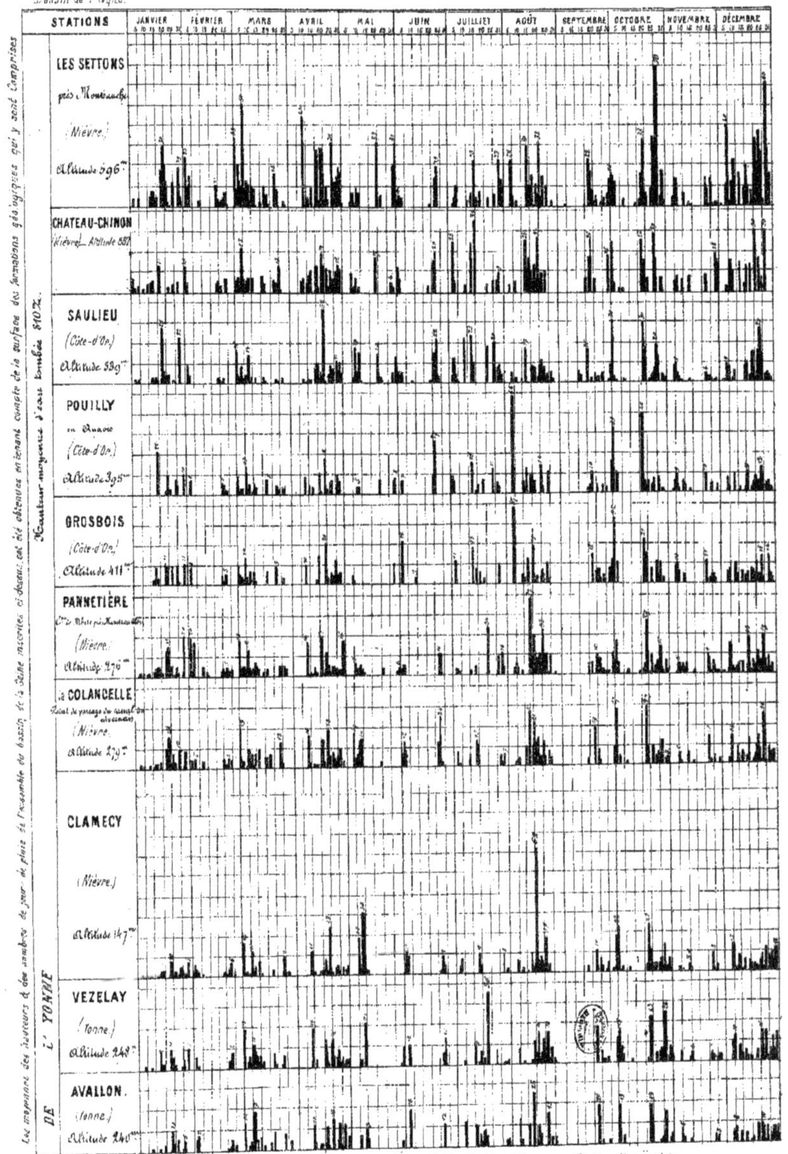

En longueur le ½ millimètre indique un jour. — En hauteur le ½ millimètre indique un millimètre d'eau tombée.

Nombre moyen de jours de pluie pour tout le bassin de la Seine 133 j

SERVICE HYDROMÉTRIQUE DU BASSIN DE LA SEINE

OBSERVATIONS PLUVIOMÉTRIQUES FAITES EN

1868

Hauteur moyenne d'eau tombée pour tout le bassin de la Seine 655 m/m

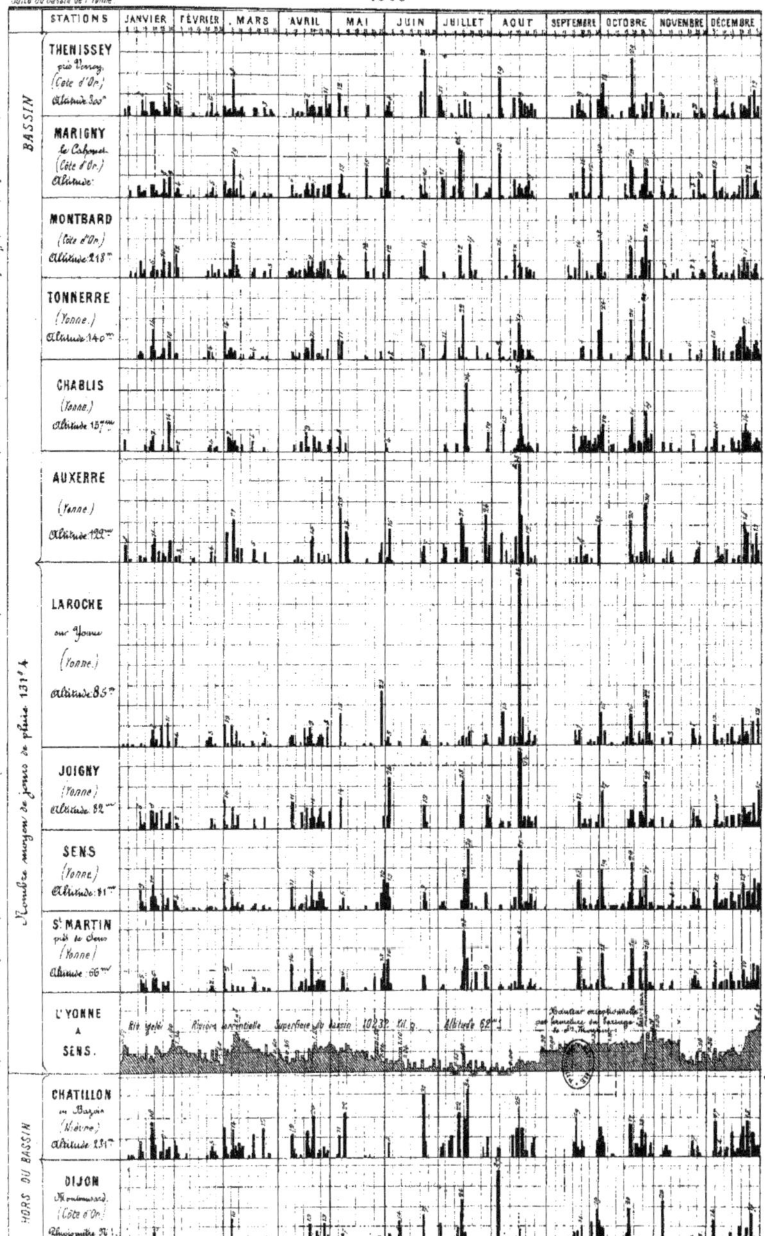

En longueur le ½ millimètre indique un jour _ En hauteur le ½ millimètre indique un millimètre d'eau tombée.

SERVICE HYDROMÉTRIQUE DU BASSIN DE LA SEINE

OBSERVATIONS PLUVIOMÉTRIQUES FAITES EN

1868

Bassin de la Marne

STATIONS — JANVIER, FEVRIER, MARS, AVRIL, MAI, JUIN, JUILLET, AOUT, SEPTEMBRE, OCTOBRE, NOVEMBRE, DECEMBRE

BASSIN DE LA MARNE

Hauteur moyenne d'eau tombée 758mm/m 65

Nombre moyen de jours de pluie 150 2/9

Langres dans la Vallée (Hte Marne) Altitude 339m

Langres sur le Plateau, dans la Ville (Hte Marne) Altitude 469m

Chaumont sur le Plateau (Hte Marne) Altitude 330m

Chaumont dans la Vallée (Hte Marne) Altitude 256m

Joinville (Hte Marne) Altitude 196m

Vassy (Hte Marne) Altitude 183m

La Neuville au pont St le Marne à 6 kilomts en aval de St Dizier Altitude 138m

Bar-le-Duc (Meuse) Altitude 196m

Forêt de 3 Fontaines Loge Colette pr Sermaize (Marne) Altitude 205m

Vitry le François (Marne) Altitude 108m

Sommesous (Marne) Altitude 176m

Villeseneux Canton de Vertus (Marne) Altitude 119m

La Caure pr Montmort (Marne) Altitude 238m

Montmort Village (Marne) Altitude 198m

Montmort Moulin du pont de pierre (Marne) Altitude 172m

Ormeaux près Rozoy en Brie (Seine & Marne) Altitude: »

Meaux (Seine & Marne) Altitude: »

Gournay sr Marne (Seine & Marne) Altitude: »

La Marne à Chalifert Altitude 38m 890

Autographie H. Milhès. Imp. Fromellery & Cie

33.

En longueur le 1/2 millimètre indique un jour — En hauteur le 1/2 millimètre indique un millimètre d'eau tombée.

SERVICE HYDROMÉTRIQUE DU BASSIN DE LA SEINE

OBSERVATIONS PLUVIOMÉTRIQUES FAITES EN

1868.

Bassin de l'Oise.

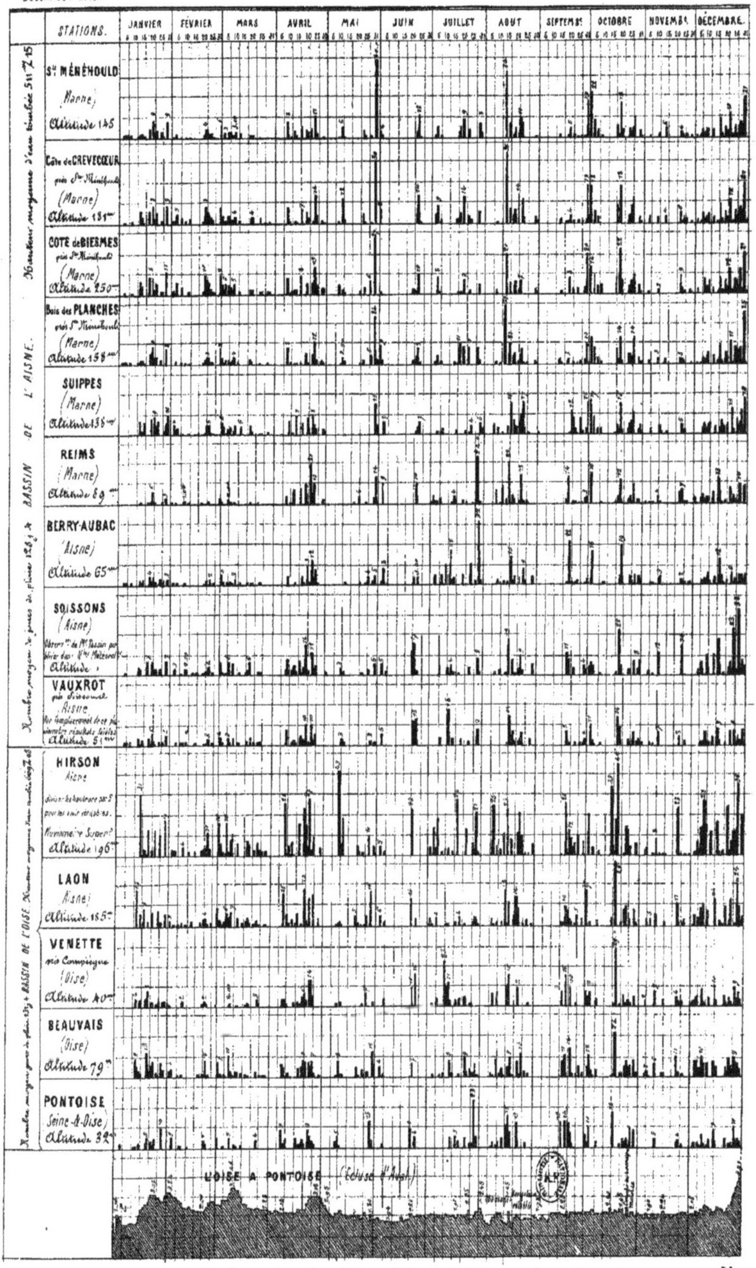

STATIONS. JANVIER FÉVRIER MARS AVRIL MAI JUIN JUILLET AOUT SEPTEMBRE OCTOBRE NOVEMBRE DÉCEMBRE

BASSIN DE L'AISNE.

Hauteur moyenne d'eau tombée 511 m/m 15

Nombre moyen de jours de pluie 128 j

Sᵗᵉ MÉNÉHOULD (Marne) Altitude 145

Côte de CREVECŒUR près Sᵗᵉ Ménéhould (Marne) Altitude 181ᵐ

COTE de BIESMES près Sᵗᵉ Ménéhould (Marne) Altitude 250ᵐ

Bois des PLANCHES près Sᵗᵉ Ménéhould (Marne) Altitude 158ᵐ

SUIPPES (Marne) Altitude 138ᵐ

REIMS (Marne) Altitude 89ᵐ

BERRY-AUBAC (Aisne) Altitude 65ᵐ

SOISSONS (Aisne) Observ. de Mʳ Passin par ordre des Ingᵉˢ Météorol. Altitude

VAUXROT près Soissons Aisne Pas l'emplacement de ce pluviomètre résultats faibles Altitude 51ᵐ

BASSIN DE L'OISE

HIRSON Aisne diviser les hauteurs par 5 pour les avoir exactes. Pluviomètre Supérieur Altitude 196ᵐ

LAON Aisne Altitude 185ᵐ

VENETTE près Compiègne (Oise) Altitude 40ᵐ

BEAUVAIS (Oise) Altitude 79ᵐ

PONTOISE Seine-&-Oise Altitude 32ᵐ

L'OISE A PONTOISE (Écluse d'Aval)

En longueur le ½ millimètre indique un jour — En hauteur le ½ millimètre indique un millimètre d'eau tombée

SERVICE HYDROMÉTRIQUE DU BASSIN DE LA SEINE

OBSERVATIONS PLUVIOMÉTRIQUES FAITES EN

1869.

Bassin de la Seine

STATIONS — JANVIER — FÉVRIER — MARS — AVRIL — MAI — JUIN — JUILLET — AOUT — SEPTEMBRE — OCTOBRE — NOVEMBRE — DÉCEMBRE

BASSIN DE LA HAUTE SEINE — Hauteur moyenne d'eau tombée 632 m/m — Nombre moyen de jours de pluie 118 j

CHANCEAUX (Côte d'Or) Altitude »

CHATILLON s/seine (Côte-d'Or) Altitude 225m

BAR sur SEINE (Aube) Altitude 157m

CHAUMESNIL (Aube) près à l'Est de Brienne. Altitude 147m Nombres trop faibles

VANDEUVRE (Aube) Altitude 165m

BARBEREY près Troyes (Aube) Altitude 98m

CONFLANS s/Seine Marne près Romilly (Aube) Nombres probablement trop faibles Altitude 77m

BASSIN DE LA SEINE PROPREMENT DIT — BASSIN de la SEINE entre les CONFLUENTS de L'YONNE & OISE — Hauteur moyenne d'eau tombée 515 m/m — Nombre moyen de jours de pluie 130 j.

COURBETON Ct de Montereau (Seine-&-Marne) Altitude 57m

VARENNES près de l'Est de Montereau (Seine-&-Marne) Altitude 50m

SAMOIS Sur la Seine limite de la forêt de Fontainebleau (Seine-&-Marne) Altitude 45m

MELUN (Seine-&-Marne) Altitude 49m Nombres trop faibles

ÉVRY près Corbeil (Seine-&-Oise) Altitude »

Port à L'ANGLAIS Ct de Vitry, près paris Sur la Seine immédiatement en amont du confluent de la Marne (Seine) Altitude 33m

St MAUR Ct de Joinville-le-pont près Paris (Seine) Altitude 39m

PARIS (Seine) Réservoir de la Dhuis à Ménilmontant Altitude 109m

AUBERVILLIERS (Seine) Altitude 40m

En longueur le ½ millimètre indique un jour — En hauteur le ½ millimètre indique un millimètre d'eau tombée.

SERVICE HYDROMÉTRIQUE DU BASSIN DE LA SEINE

OBSERVATIONS PLUVIOMÉTRIQUES FAITES EN 1869

Bassin de la Seine (suite)

LA SEINE

BASSIN DU LOING. Hauteur moyenne d'eau tombée 545 m/m. Nombre moyen de jours de pluie 114

PLUVIOMÈTRES de la BEAUCE. Hauteur moyenne d'eau tombée 458 m/m. Nombre moyen de jours de pluie 108

STATIONS.	JANVIER	FÉVRIER	MARS	AVRIL	MAI	JUIN	JUILLET	AOUT	SEPTEMBRE	OCTOBRE	NOVEMBRE	DÉCEMBRE
TOUCY (Yonne) Altitude 146m												
MOUTIERS près St Sauveur (Yonne) Altitude "												
ROGNY sur le Loing, limite du Dépt de l'Yonne et du Loiret (Yonne) Altitude "												
CHAMPOULET limite dépt Yonne et Loiret, entre St Fargeau et Bléneau (Loiret) Altitude "												
COMBREUX limite dépt Yonne et Loiret (Loiret) Altitude "												
GRIGNON sur le canal d'Orléans (Loiret) Altitude "												
COURPALET s/ Canal d'Orléans (Loiret) Altitude "								Point de pluie				
OUTARVILLE Chef-lieu de Canton vers limite N.O. du Départemt (Loiret) Altitude "												
PITHIVIERS (Loiret) Altitude "												
DOURDAN (Seine-et-Oise) Altitude "												
RAMBOUILLET (Seine-et-Oise) Altitude "												
AUNEAU Chef-lieu Canton s/ limite orientale du Départt (Eure-et-Loir) Altitude "												
DAMMARIE au Sud à 16 Kil. de Chartres (Eure-et-Loir) Altitude "												
DREUX (Eure-et-Loir) Altitude "												

En longueur le ½ millimètre indique un jour — En hauteur le ½ millimètre indique un millimètre d'eau tombée.

BASSIN DE

SERVICE HYDROMÉTRIQUE DU BASSIN DE LA SEINE

OBSERVATIONS PLUVIOMÉTRIQUES FAITES EN

1869

Bassin de la Seine (suite)

BASSIN DE

BASSIN DE LA BASSE-SEINE A PARTIR DU CONFLUENT DE L'OISE

STATIONS — JANVIER, FÉVRIER, MARS, AVRIL, MAI, JUIN, JUILLET, AOUT, SEPTEMBre, OCTOBRE, NOVEMBRE, DÉCEMBRE

GOURNAY (Seine Infre) Altitude 100m

FORGES (Seine Infre) Altitude 170m

VASCŒUIL. Près Ry à la limite des Dépts de l'Eure et de la Seine-Inférieure. Seine Infre. Altitude 66m

BUCHY (Seine Infre) Altitude 198m

PONT de l'ARCHE (Eure) Altitude »

ELBEUF (Seine Infre) Altitude 18m

ROUEN (Seine Infre) Altitude 23m

CAUDEBEC (Seine Infre) Altitude 12m

VILLEQUIER près 8 k/m de Caudebec (Seine Infre) Altitude 93m

YVETOT (Seine Infre) Altitude 151m

FATOUVILLE Honfleur, Phare Sur rive gauche Seine. Pluviomètre 15m 9. (Eure) Altitude 96m

LE HAVRE (Seine Infre) Altitude 69m

LA SEINE A PARIS. Au pont-Royal Altitude 24m

En longueur le ½ millimètre indique un jour — En hauteur le ½ millimètre indique un millimètre d'eau tombée.

SERVICE HYDROMÉTRIQUE DU BASSIN DE LA SEINE

OBSERVATIONS PLUVIOMÉTRIQUES FAITES EN 1869.

Bassin de l'Yonne

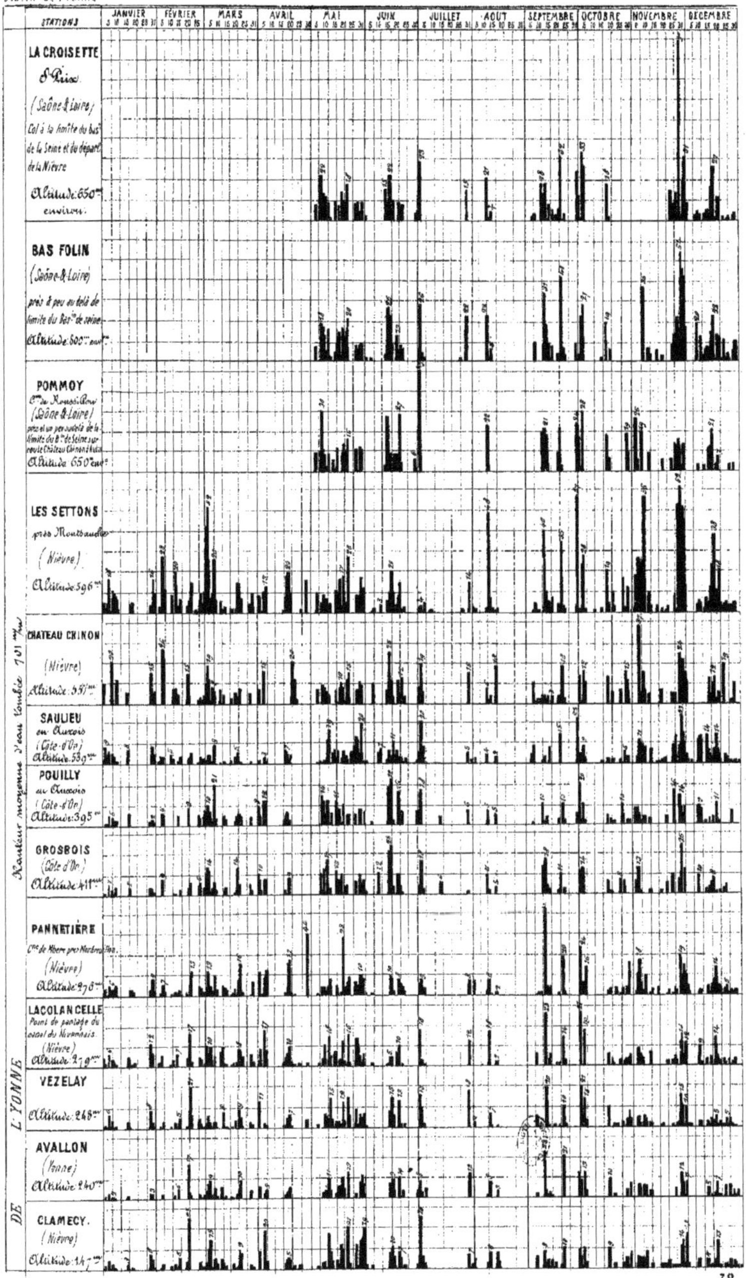

STATIONS — JANVIER, FÉVRIER, MARS, AVRIL, MAI, JUIN, JUILLET, AOUT, SEPTEMBRE, OCTOBRE, NOVEMBRE, DÉCEMBRE

LA CROISETTE St Prix (Saône & Loire) Col à la limite du bas^n de la Seine et du départ^t de la Nièvre. Altitude 650^m environ.

BAS FOLIN (Saône & Loire) près & peu au delà de limite du Bas^n de Seine. Altitude 600^m env^n.

POMMOY C^ne de Roussillon (Saône & Loire) près et un peu au delà de la limite du B^n de Seine sur route Château Chinon à Autun. Altitude 650^m env^n.

LES SETTONS près Montsauche (Nièvre) Altitude 596^m.

CHATEAU CHINON (Nièvre) Altitude 537^m.

SAULIEU en Auxois (Côte d'Or) Altitude 539^m.

POUILLY en Auxois (Côte d'Or) Altitude 395^m.

GROSBOIS (Côte d'Or) Altitude 411^m.

PANNETIÈRE C^ne de Moraches près Marigny-l'Église (Nièvre) Altitude 378^m.

LACOLANCELLE Point de partage du canal du Nivernais (Nièvre) Altitude 279^m.

VEZELAY Altitude 248^m.

AVALLON (Yonne) Altitude 240^m.

CLAMECY (Nièvre) Altitude 147^m.

Hauteur moyenne d'eau tombée 701 mm

DE L'YONNE

En longueur le ½ millimètre indique un jour. — En hauteur le ½ millimètre indique un millimètre d'eau tombée.

HORS DU BASSIN. | Nombre moyen de jours de pluie [illegible] | BASSIN

SERVICE HYDROMÉTRIQUE DU BASSIN DE LA SEINE

OBSERVATIONS PLUVIOMÉTRIQUES FAITES EN

1869

Bassin de l'Yonne.

STATIONS. JANVIER FÉVRIER MARS AVRIL MAI JUIN JUILLET AOÛT SEPTEMBRE OCTOBRE NOVEMBRE DÉCEMBRE

BASSIN

THÉNISSEY près Venoy (Côte-d'Or) Altitude : 400m

MARIGNY le Cahouet (Côte-d'Or) Altitude

MONTBARD (Côte-d'Or) Altitude : 218m

TONNERRE (Yonne) Altitude : 140m

CHABLIS (Yonne) Altitude : 137m

AUXERRE (Yonne) Altitude : 99m

LA ROCHE sur Yonne (Yonne) Altitude : 85m

JOIGNY (Yonne) Altitude : 82m

SENS (Yonne) Altitude : 69m

St MARTIN près Sens (Yonne) Altitude : 66m

Nombre moyen de jours de pluie 121 j

L'YONNE A SENS Riv. torrentielle. Superf. du bassin 10832 K.q. (Altitude 63m26)

3m 2m 1m 0m

HORS DU BASSIN

CHATILLON en Bazois (Nièvre) Altitude 231m

Point de Pluie

DIJON Montmusard (Côte-d'Or) Pluviomètre 271m

En longueur le ½ millimètre indique un jour. En hauteur le ½ millimètre indique un millimètre d'eau tombée.

SERVICE HYDROMÉTRIQUE DU BASSIN DE LA SEINE

OBSERVATIONS PLUVIOMÉTRIQUES FAITES EN

1869.

Bassin de la Marne

BASSIN DE LA MARNE.

Hauteur moyenne d'eau tombée : 676m.

Nombre moyen de jours de pluie 138 j

STATIONS	JANVIER.	FÉVRIER.	MARS.	AVRIL.	MAI.	JUIN.	JUILLET.	AOUT.	SEPTEMBRE.	OCTOBRE.	NOVEMBRE.	DÉCEMBRE.
LANGRES. (au fond de la Vallée.) (Haute-Marne.) Altitude 339m												
LANGRES Sur le plateau de la Ville. (Haute-Marne.) Altitude 469m												
CHAUMONT sur le plateau. (Haute-Marne.) Altitude 330m												
CHAUMONT (au fond de la Vallée.) (Haute-Marne.) Altitude 235m												
JOINVILLE. (Haute-Marne.) Altitude 196m												
VASSY (Haute-Marne.) Altitude 183m												
LA NEUVILLE. au pont. (Haute-Marne.) Altitude 132m												
BAR-LE-DUC (Meuse.) Altitude 187m												
FORÊT des 3 FONTAINES. loge Colaite près Sermaize (Marne.) Altitude 205m												
VITRY-le-FRANÇOIS. (Marne.) Altitude 107m												
SOMMESOUS. (Meuse.) Altitude 176m												
VILLESENEUX. Canton de Vertus. (Marne.) Altitude 119m												
LACAURE. (Marne.) Altitude 238m												
MONTMORT. (Village.) (Marne.) Altitude 198m												
MONTMORT. Moulin du Pont de Pierre (Marne.) Altitude 172m												
TOUQUIN. (Seine-et-Marne.) sur le plateau de la Brie entre Coulommiers & Rozoy. Altitude												
MEAUX (Seine-et-Marne.) Altitude												
GOURNAY. sur Marne. du 1er Janvier au 31 Mai. **NEUILLY.** (Seine-et-Oise.)												

3m 2m 1m 0m

LA MARNE à CHALIFERT *Perturbations produites par les Argiles de la Brie. Superf. du bassin 12018 K.c. (Altitude 38m290)*

40

En longueur le ½ millimètre indique un jour — En hauteur le ½ millimètre indique un millimètre d'eau tombée.

BASSIN DE L'OISE

BASSIN DE L'AISNE

Nombre moyen de jours de pluie pour tout le bassin de la Seine 127 j.

SERVICE HYDROMÉTRIQUE DU BASSIN DE LA SEINE

OBSERVATIONS PLUVIOMÉTRIQUES FAITES EN 1869.

Hauteur moyenne d'eau tombée pour tout le bassin de la Seine 592 %

Bassin de l'Aisne & de l'Oise.

Les moyennes des hauteurs & des nombres de jours de pluie de l'ensemble du bassin de la Seine inscrites ci-dessus, ont été obtenues en tenant compte de la surface des formations géologiques qui y sont comprises.

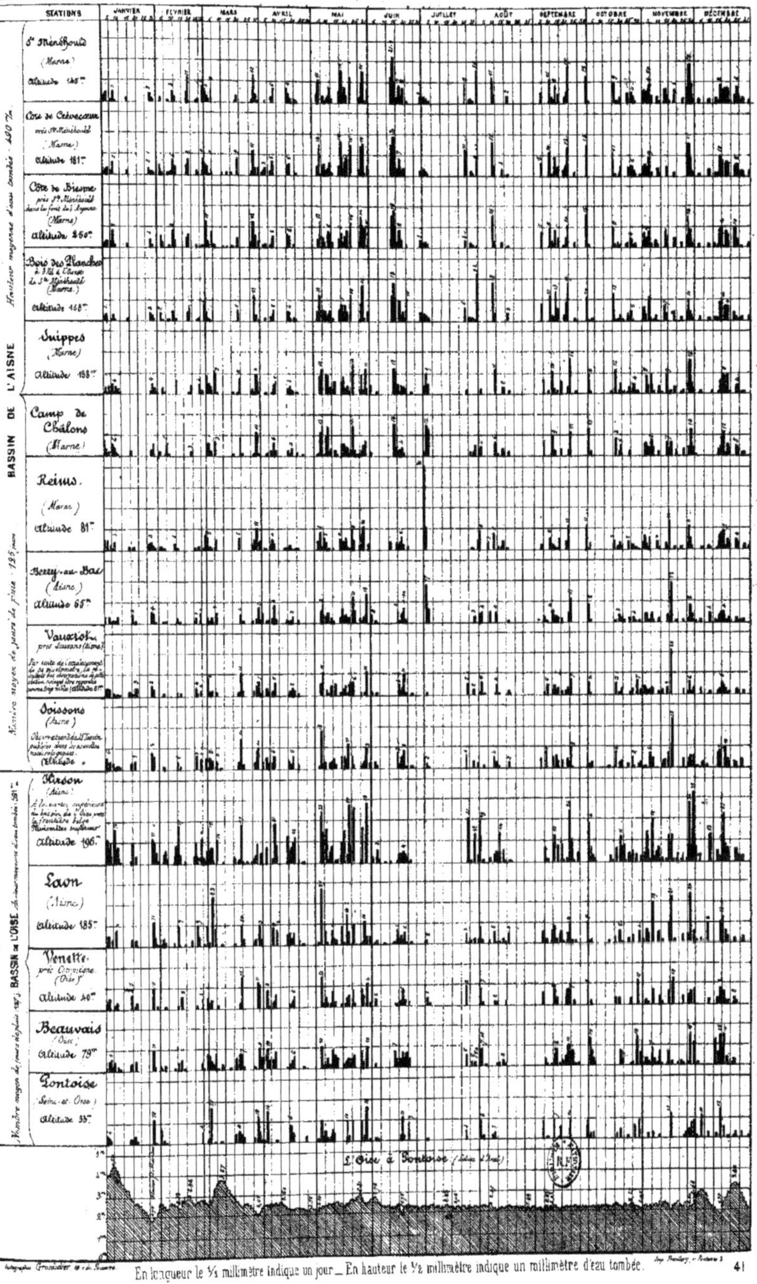

Autographie Grosdidier

En longueur le ⅓ millimètre indique un jour — En hauteur le ½ millimètre indique un millimètre d'eau tombée.

Imp. Fraillery

Service Hydrométrique du Bassin de la Seine

Observations faites sur les petits cours d'eau du 1er Mai 1854 au 30 Avril 1855

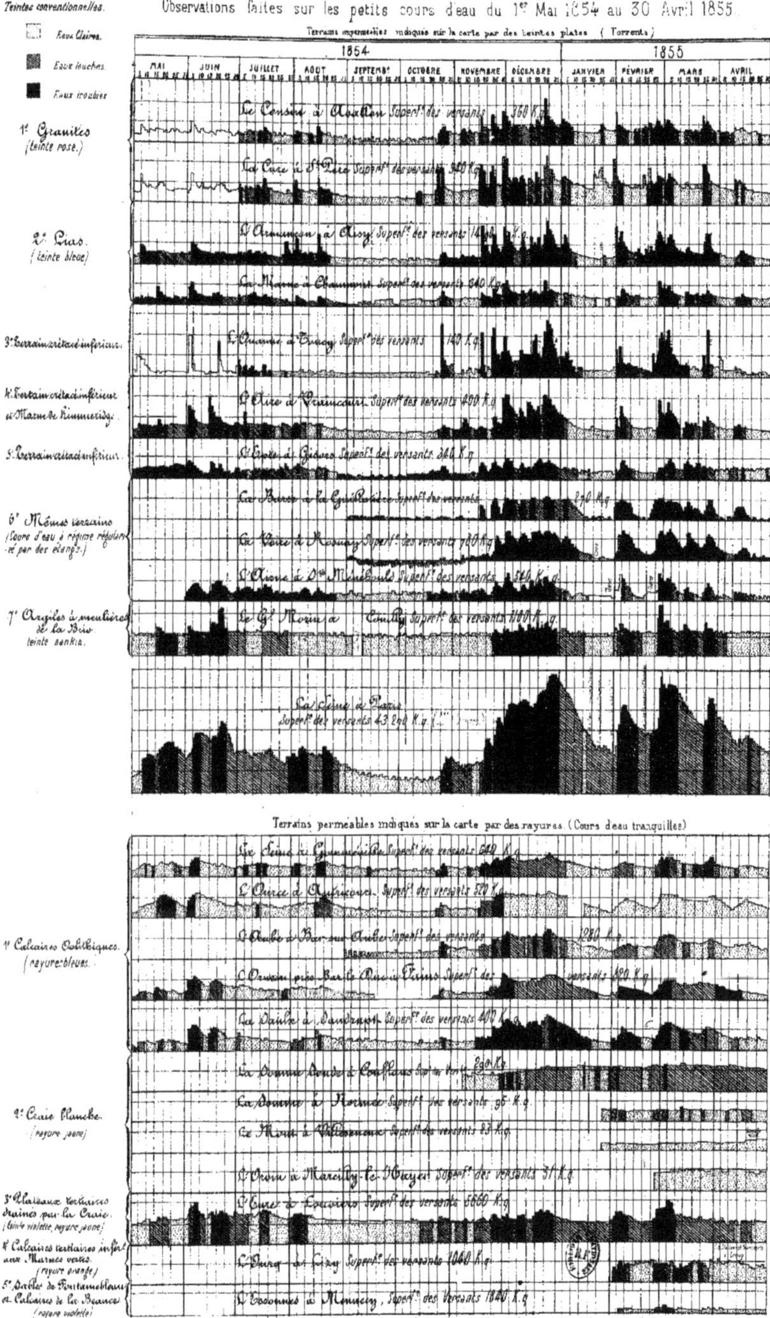

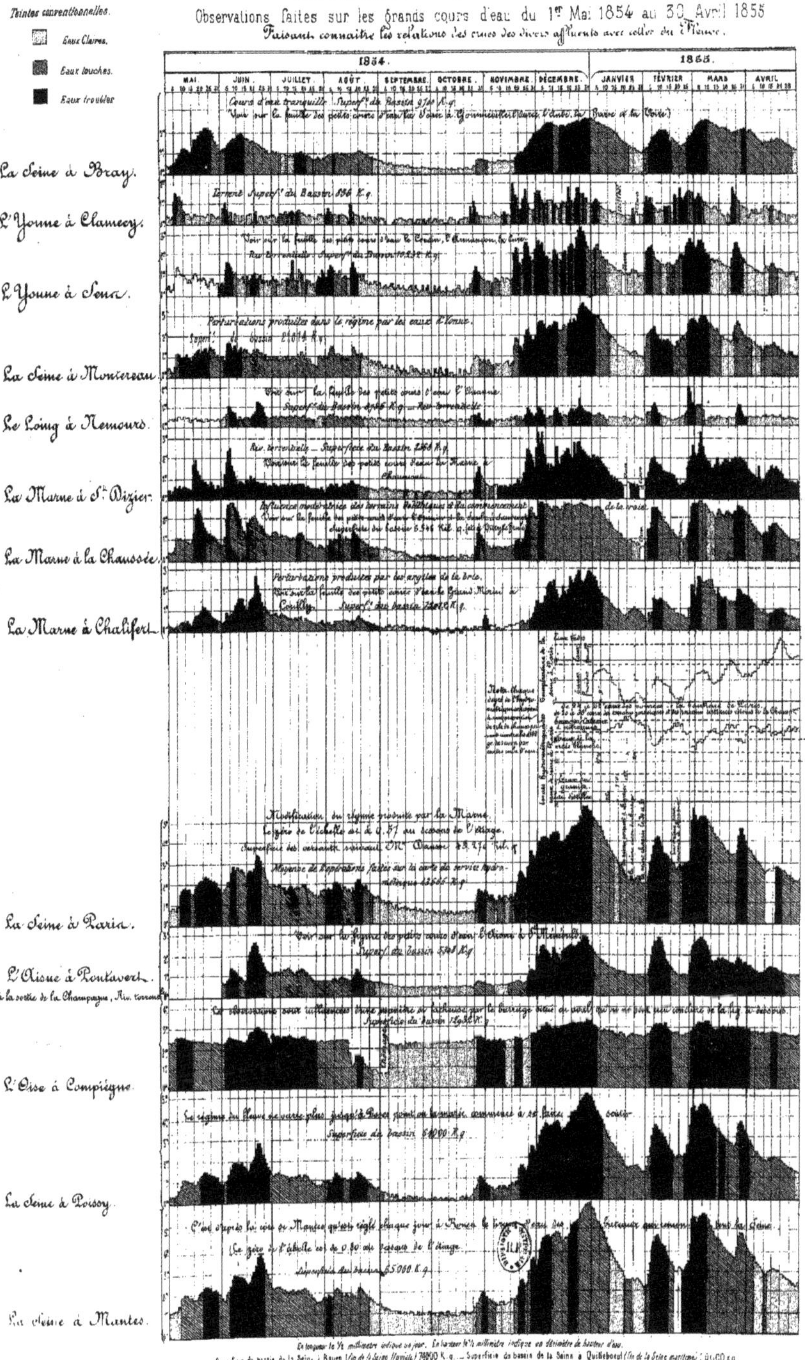
SERVICE HYDROMÉTRIQUE DU BASSIN DE LA SEINE.
Observations faites sur les grands cours d'eau du 1er Mai 1854 au 30 Avril 1855
Faisant connaître les relations des crues des divers affluents avec celles du Fleuve.
Teintes conventionnelles.
Eaux Claires.
Eaux louches.
Eaux troubles
1854.
1855.
MAI
JUIN
JUILLET
AOÛT
SEPTEMBRE
OCTOBRE
NOVEMBRE
DÉCEMBRE
JANVIER
FÉVRIER
MARS
AVRIL
La Seine à Bray.
L'Yonne à Clamecy.
L'Yonne à Sens.
La Seine à Montereau
Le Loing à Nemours.
La Marne à St Dizier.
La Marne à la Chaussée.
La Marne à Chalifert.
La Seine à Paris.
L'Aisne à Pontavert.
à la sortie de la Champagne, Riv. torrent.
L'Oise à Compiègne.
La Seine à Poissy.
La Seine à Mantes.
En longueur le ½ millimètre indique un jour. En hauteur le ½ millimètre indique un décimètre de hauteur d'eau.

SERVICE HYDROMÉTRIQUE DU BASSIN DE LA SEINE.

Observations faites sur les petits cours d'eau du 1er Mai 1855 au 30 Avril 1856.

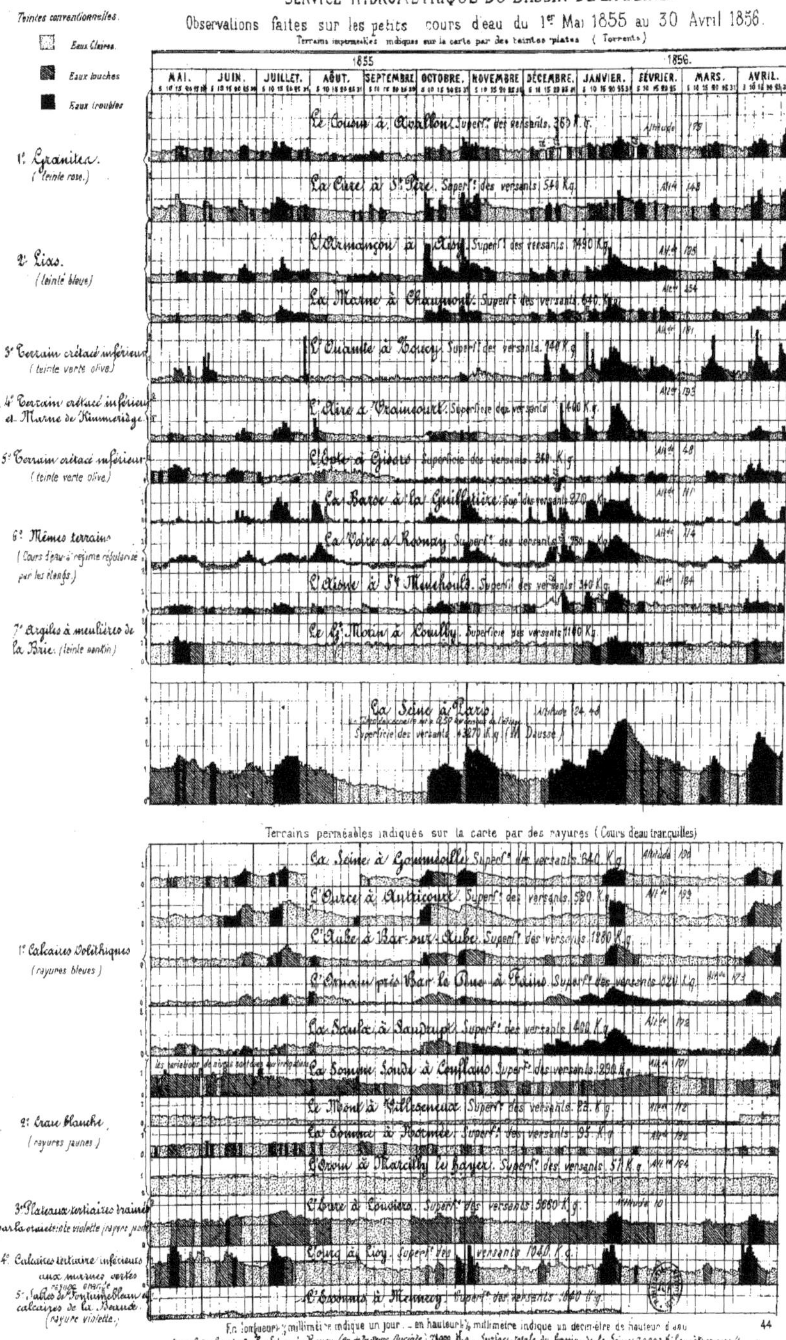

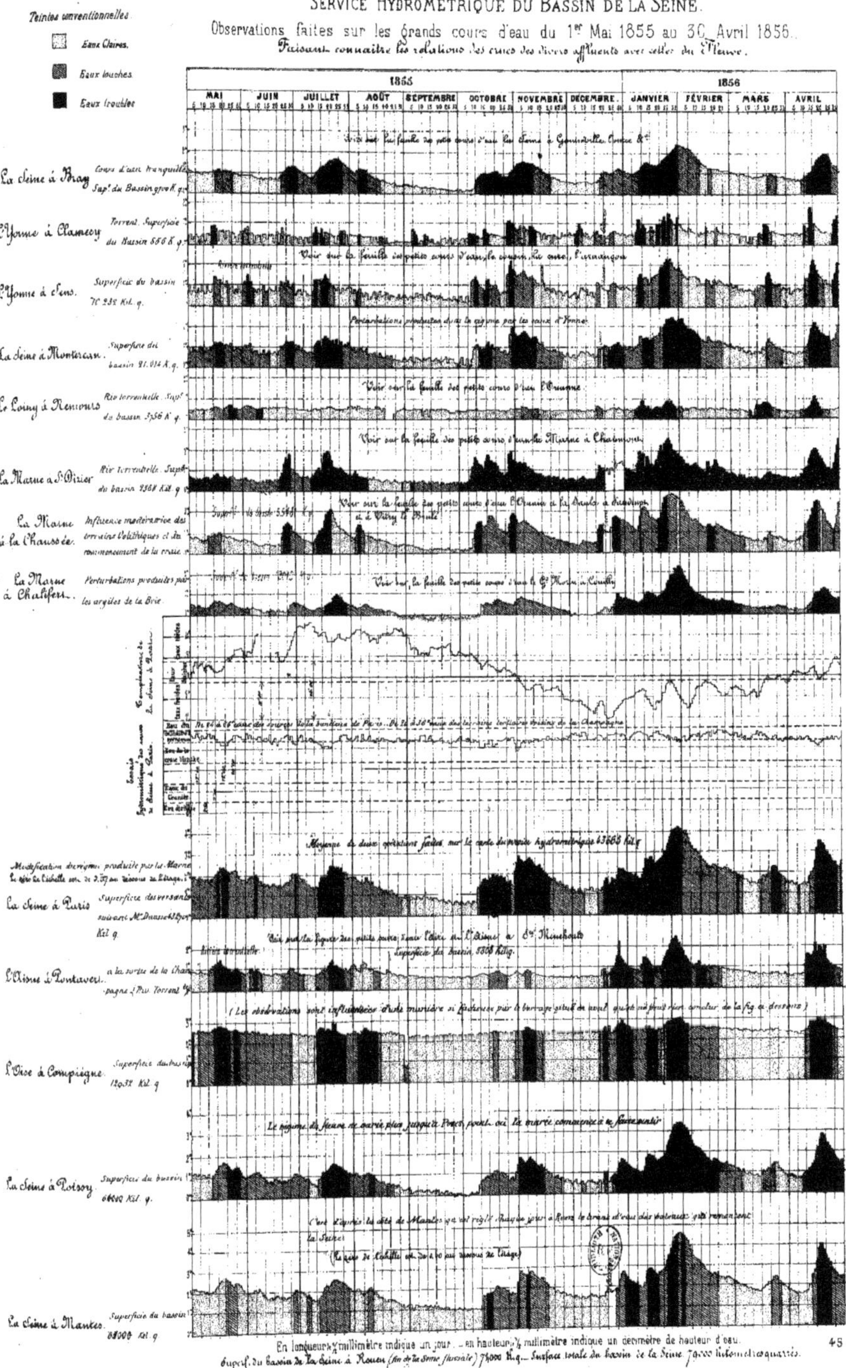

SERVICE HYDROMÉTRIQUE DU BASSIN DE LA SEINE.
Observations faites sur les grands cours d'eau du 1er Mai 1855 au 30 Avril 1856.
Faisant connaître les relations des crues des divers affluents avec celles du Fleuve.
Teintes conventionnelles.
Eaux Claires.
Eaux louches.
Eaux troubles.
1855
1856
MAI
JUIN
JUILLET
AOÛT
SEPTEMBRE
OCTOBRE
NOVEMBRE
DÉCEMBRE.
JANVIER
FÉVRIER
MARS
AVRIL
La Seine à Bray
L'Yonne à Clamecy
L'Yonne à Sens.
La Seine à Montereau.
Le Loing à Nemours
La Marne à St Dizier
La Marne à la Chaussée.
La Marne à Chalifert.
La Seine à Paris
L'Aisne à Pontavert.
L'Oise à Compiègne.
La Seine à Poissy.
La Seine à Mantes.
En longueur ½ millimètre indique un jour. _ en hauteur ½ millimètre indique un décimètre de hauteur d'eau.
Superf. du bassin de la Seine à Rouen (fin de la Seine fluviale) 74000 K.q. _ Surface totale du bassin de la Seine 79000 kilomètres quarrés.

Service Hydrométrique du Bassin de la Seine.

Observations faites sur les petits cours d'eau du 1er Mai 1856 au 30 Avril 1857

Relations de leurs crues avec celles de la Seine à Paris

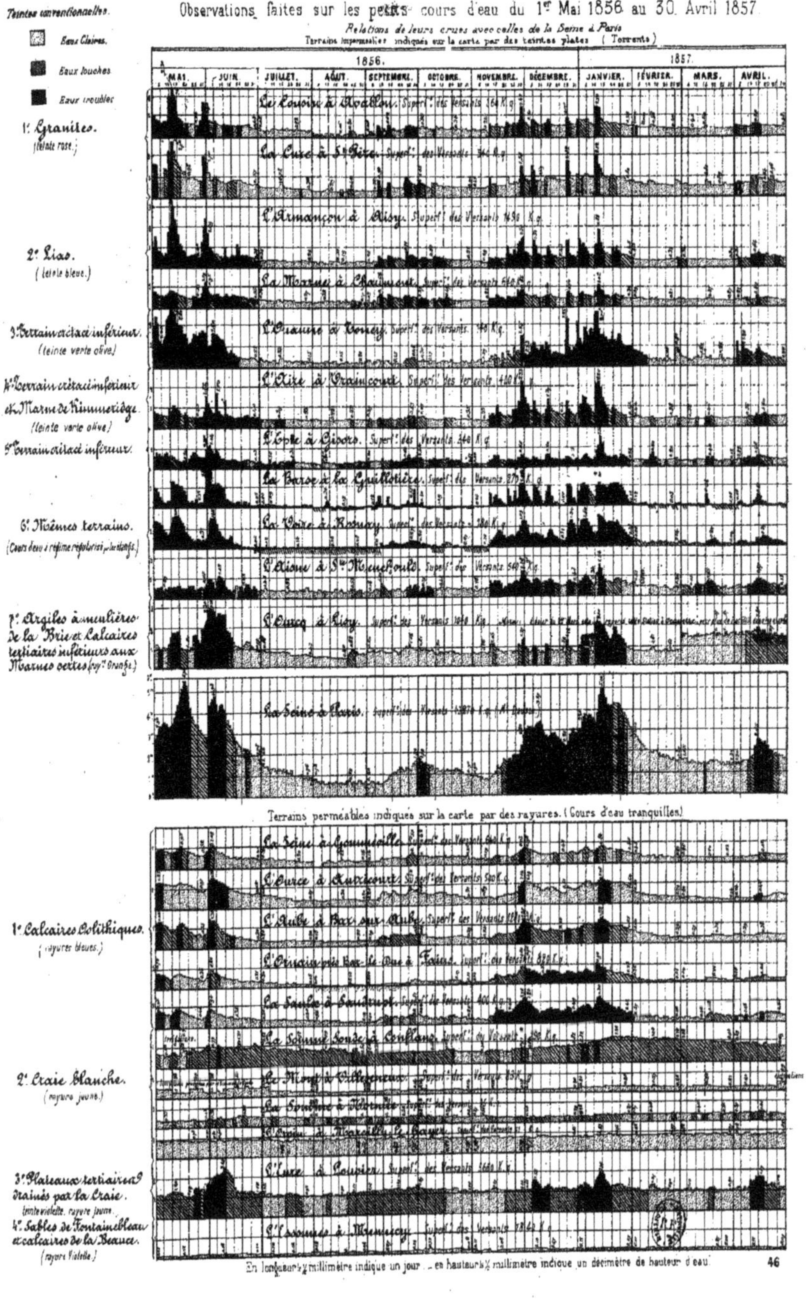

Teintes conventionnelles.

Eaux Claires.

Eaux louches.

Eaux troubles

SERVICE HYDROMÉTRIQUE DU BASSIN DE LA SEINE

Observations faites sur les grands cours d'eau du 1er Mai 1856 au 30 Avril 1857

Faisant connaître les relations des crues des divers affluents avec celles du Fleuve.

1856 — Mai, Juin, Juillet, Août, Septembre, Octobre, Novembre, Décembre

1857 — Janvier, Février, Mars, Avril

La Seine à Bray.

L'Yonne à Clamecy. Torrent.

L'Yonne à Sens. Rivière torrentielle.

La Seine à Montereau.

Le Loing à Nemours.

La Marne à St Dizier.

La Marne à la Chaussée.

La Marne à Chalifert.

Les inflexions de cette courbe sont en sens inverse de celle des variations de niveau de l'Yonne à Clamecy.

La Seine à Paris.

L'Oise à Venette près Compiègne.

La Seine à Poissy.

La Seine à Mantes.

Superficie du bassin de la Seine à Quilleboeuf (tête de la Seine maritime)

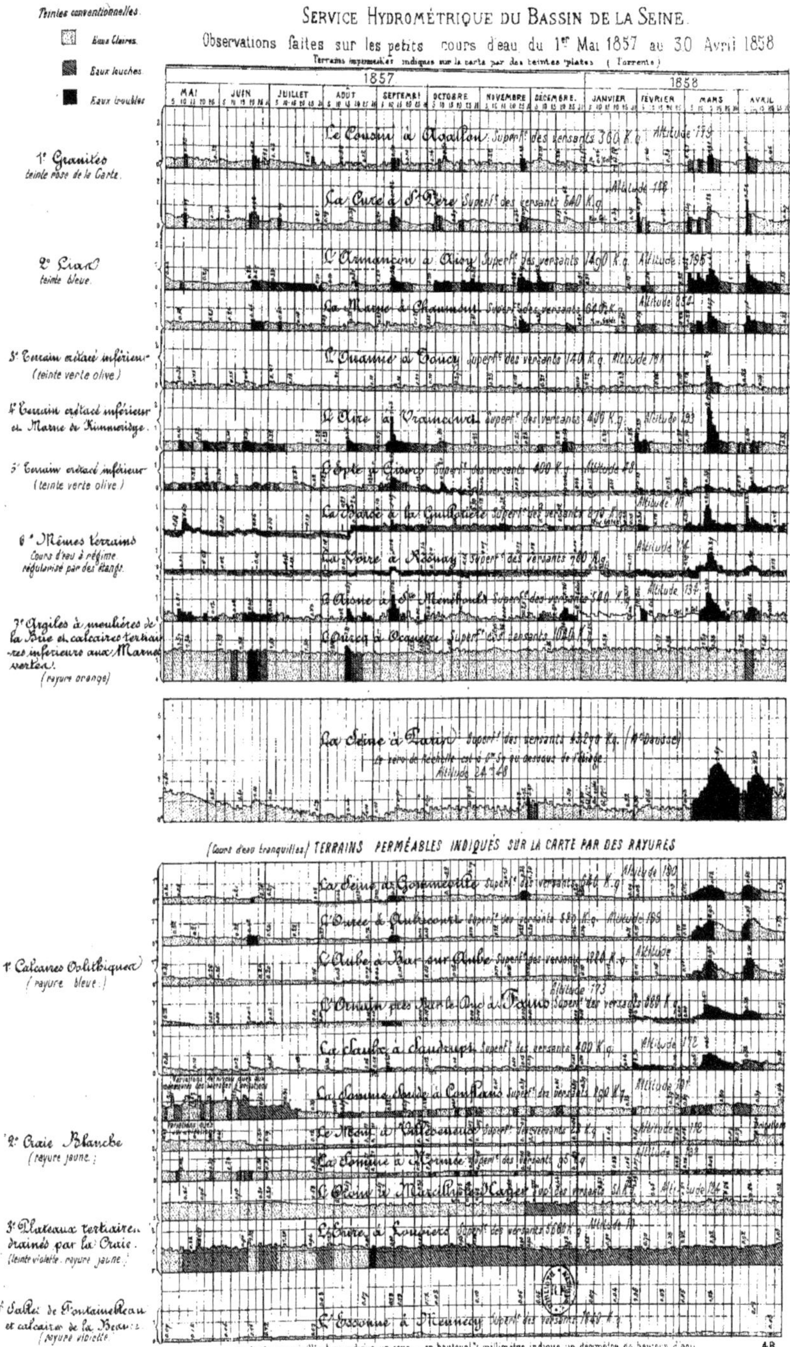

Teintes conventionnelles.
Eaux Claires.
Eaux louches.
Eaux troubles.
SERVICE HYDROMÉTRIQUE DU BASSIN DE LA SEINE.
Observations faites sur les petits cours d'eau du 1er Mai 1857 au 30 Avril 1858
1857
1858
MAI
JUIN
JUILLET
AOUT
SEPTEMBRE
OCTOBRE
NOVEMBRE
DÉCEMBRE.
JANVIER
FÉVRIER
MARS
AVRIL
1° Granites
teinte rose de la Carte.
2° Lias
teinte bleue.
(teinte verte olive)
(teinte verte olive)
6° Mêmes terrains
Cours d'eau à régime régularisé par des étangs.
(rayure orange)
La Seine à Paris
TERRAINS PERMÉABLES INDIQUÉS SUR LA CARTE PAR DES RAYURES
1° Calcaires Oolithiques
(rayure bleue.)
2° Craie Blanche
(rayure jaune.)
3° Plateaux tertiaires drainés par la Craie.
(teinte violette. rayure jaune.)
(rayure violette)
L'Essonne à Mennecy
En longueur ½ millimètre indique un jour. — en hauteur ½ millimètre indique un décimètre de hauteur d'eau

SERVICE HYDROMÉTRIQUE DU BASSIN DE LA SEINE.

Observations faites sur les grands cours d'eau du 1er Mai 1857 au 30 Avril 1858.

Faisant connaître les relations des crues des divers affluents avec celles du Fleuve.

Teintes conventionnelles.

Eaux Claires.

Eaux louches.

Eaux troubles

1857. — MAI, JUIN, JUILLET, AOUT, SEPTEMBRE, OCTOBRE, NOVEMBRE, DÉCEMBRE

1858. — JANVIER, FÉVRIER, MARS, AVRIL

La Seine à Bray. — Cours d'eau tranquille. Superf.ce du bassin 9700 K.q.

L'Yonne à Clamecy. — Torrent. Superf.ce du bassin 856 K.q.

L'Yonne à Sens. — Riv. torrentielle. Superf.ce des versants 10832 K.q.

La Seine à Montereau. — Perturbation produite dans le régime par les eaux d'Yonne. Superf.ce du bassin 21014 K.q.

Le Loing à Nemours. — Riv. torrentielle. — Superf.ce du bassin 3756 K.q.

La Marne à St Dizier. — Riv. torrentielle. Superf.ce du bassin 2360 K.q. (Voir sur la feuille des petits cours d'eau la Marne à Chaumont.)

La Marne à la Chaussée. — Influence modératrice des terrains Oolithiques & du commencement de la craie. Voir sur la feuille des petits cours d'eau l'Ornain & la Saulx. Superf.ce du bassin 5540 K.q.

La Marne à Chalifert. — Perturbations produites par les argiles de la Brie. (Voir sur la feuille des petits cours d'eau l'Ourcq à Oquerre.)

Température de la Seine à Paris. — Eaux tièdes. — Eaux fraîches. — Eaux froides.

Eaux du Calcaire.

Eaux de la craie blanche.

Eaux des granits.

La Seine à Paris au Pont Royal. — Modification du régime produite par la Marne. (Le zéro de l'échelle est de 0m 57 au-dessous de l'étiage.) Moyenne de deux opérations faites sur la carte du service hydrométrique = 43665 K.q. Superf.ce des versants suivant Mr Dausse 43874 K.q.

L'Aisne à Pontavert à la sortie de la Champagne. — Riv. torrentielle. (Voir sur la feuille des petits cours d'eau l'Aire & l'Aisne à Ste Ménéhould.) Superf.ce du bassin 5000 K.q.

L'Oise à Venette près Compiègne. — Superf.ce du bassin 12932 K.q.

La Seine à Poissy. — Superf.ce du bassin 64000 K.q. Le régime du fleuve ne varie plus jusqu'à Rouen, point où la marée commence à se faire sentir.

La Seine à Mantes. — C'est d'après la cote de Mantes qu'est réglé tous les jours à Rouen le tirant d'eau des bateaux qui remontent la Seine. Superf.ce du bassin 65000 K.q.

La Seine à Paris du 1er Mai 1803 au 1er Mai 1804. (l'année la plus sèche de 1777 à 1859.)

Pont de la Tournelle — Pont Royal

En longueur ½ millimètre indique un jour. — en hauteur ½ millimètre indique un décimètre de hauteur d'eau.

Superficie du bassin de la Seine à Rouen (fin de la Seine fluviale) 74000 K.q. — Superficie du bassin de la Seine à Quillebeuf (fin de la Seine maritime) 75000 K.q.

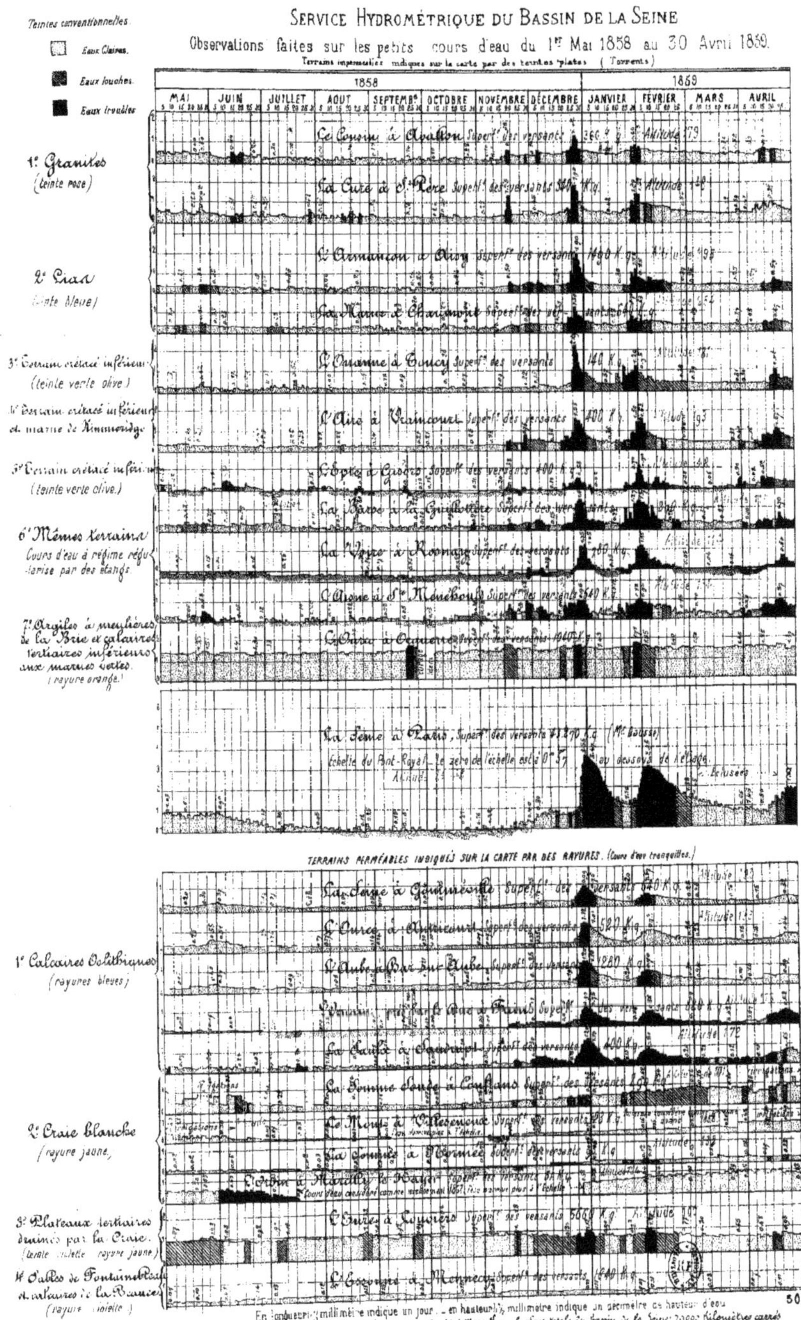

Service Hydrométrique du Bassin de la Seine
Observations faites sur les petits cours d'eau du 1er Mai 1858 au 30 Avril 1859.
Teintes conventionnelles.
Eaux Claires.
Eaux louches.
Eaux troubles
1858
1859
MAI
JUIN
JUILLET
AOUT
SEPTEMBRE
OCTOBRE
NOVEMBRE
DÉCEMBRE
JANVIER
FÉVRIER
MARS
AVRIL
1° Granites
(teinte rose)
2° Lias
(teinte bleue)
3° Terrain crétacé inférieur
(teinte verte olive)
5° Terrain crétacé inférieur
(teinte verte olive.)
6° Mêmes terrains
Cours d'eau à régime régularisé par des étangs
7° Argiles à meulières de la Brie et calcaires tertiaires inférieurs aux marnes vertes.
(rayure orange.)
La Seine à Paris, Superf. des versants
Échelle du Pont-Royal
TERRAINS PERMÉABLES INDIQUÉS SUR LA CARTE PAR DES RAYURES. (Cours d'eau tranquilles.)
1° Calcaires Oolithiques
(rayures bleues)
2° Craie blanche
(rayure jaune)
3° Plateaux tertiaires drainés par la Craie.
4° Sables de Fontainebleau et calcaires de la Beauce
(rayure violette)
L'Eure à Louviers Superf. des versants 5660 K.q. Altitude 107
L'Essonne à Mennecy Superf. des versants 1840 K.q.
50
En longueur 1/3 millimètre indique un jour. — en hauteur 1/2 millimètre indique un décimètre de hauteur d'eau
Superf. du bassin de la Seine à Rouen (fin de la Seine fluviale) 74000 K.q. — Surface totale du bassin de la Seine 79000 Kilomètres carrés

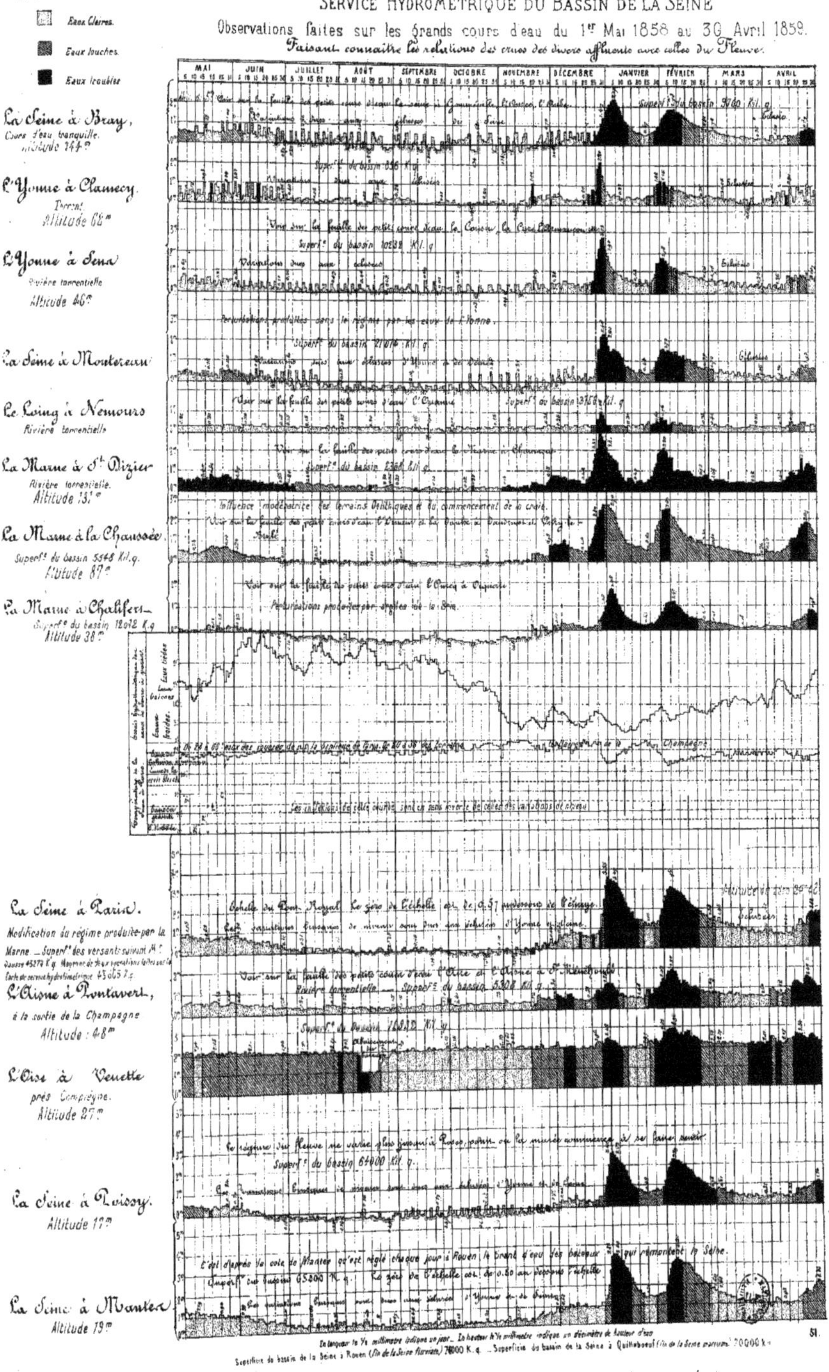
SERVICE HYDROMÉTRIQUE DU BASSIN DE LA SEINE
Observations faites sur les grands cours d'eau du 1er Mai 1858 au 30 Avril 1859.
Faisant connaître les relations des crues des divers affluents avec celles du Fleuve.
Teintes conventionnelles
Eaux Claires.
Eaux louches.
Eaux troubles.
MAI
JUIN
JUILLET
AOÛT
SEPTEMBRE
OCTOBRE
NOVEMBRE
DÉCEMBRE
JANVIER
FÉVRIER
MARS
AVRIL
La Seine à Bray,
Cours d'eau tranquille.
L'Yonne à Clamecy.
Torrent.
L'Yonne à Sens
Rivière torrentielle
Altitude 46m
La Seine à Montereau
Le Loing à Nemours
Rivière torrentielle
La Marne à St Dizier
Rivière torrentielle.
Altitude 137m
La Marne à la Chaussée.
Superf. du bassin 5348 Kil. q.
Altitude 87m
La Marne à Chalifert.
Superf. du bassin 12072 K. q.
Altitude 38m
La Seine à Paris.
Modification du régime produite par la Marne. – Superf. des versants suivant M. Dausse 45272 K. q.
L'Aisne à Pontavert,
à la sortie de la Champagne
Altitude : 48m
L'Oise à Venette
près Compiègne.
Altitude 27m
La Seine à Poissy.
Altitude 17m
La Seine à Mantes
Altitude 19m

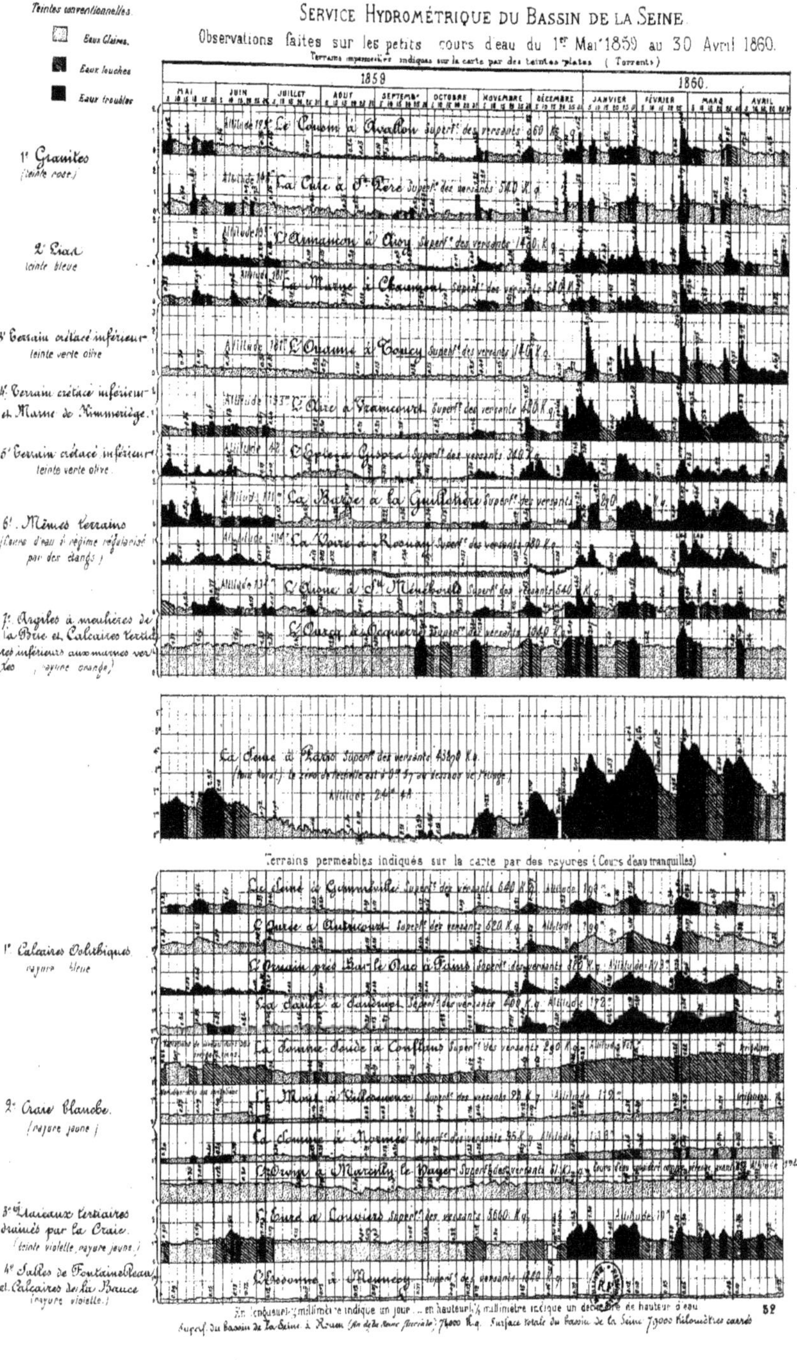
Service Hydrométrique du Bassin de la Seine.
Observations faites sur les petits cours d'eau du 1er Mai 1859 au 30 Avril 1860.
Teintes conventionnelles.
Eaux Claires.
Eaux louches
Eaux troubles
Terrains imperméables indiqués sur la carte par des teintes plates (Torrents)
1859
1860.
Mai
Juin
Juillet
Août
Septembre
Octobre
Novembre
Décembre
Janvier
Février
Mars
Avril
1er Granites (teinte rose.)
2e Lias teinte bleue
3e Terrain crétacé inférieur teinte verte olive
4e Terrain crétacé inférieur et Marne de Kimmeridge.
5e Terrain crétacé inférieur teinte verte olive.
6e Mêmes terrains (Cours d'eau à régime régularisé par des étangs.)
7e Argiles à meulières de la Brie et Calcaires tertiaires inférieurs aux marnes vertes (rayure orange.)
La Seine à Paris
Terrains perméables indiqués sur la carte par des rayures (Cours d'eau tranquilles)
1er Calcaires Oolithiques rayure bleue
2e Craie blanche. (rayure jaune)
3e Plateaux tertiaires drainés par la Craie. (teinte violette, rayure jaune.)
4e Sables de Fontainebleau et Calcaires de la Beauce (rayure violette.)
En longueur 1/2 millimètre indique un jour... en hauteur 1/4 millimètre indique un décimètre de hauteur d'eau
Surface totale du bassin de la Seine 79000 Kilomètres carrés

Service Hydrométrique du Bassin de la Seine

Observations faites sur les grands cours d'eau du 1er Mai 1859 au 30 Avril 1860

Faisant connaître les relations des crues des divers affluents avec celles du Fleuve.

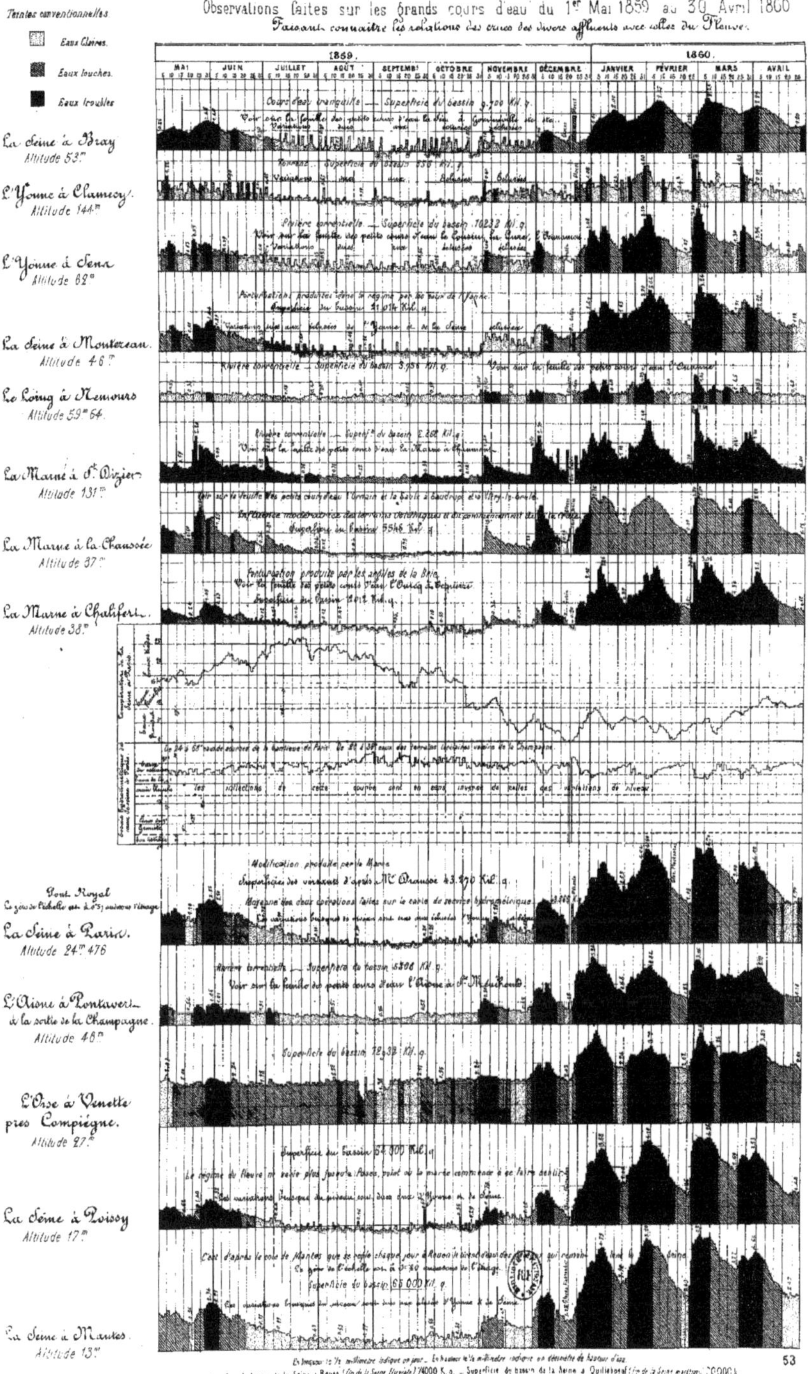

Teintes conventionnelles.

Eaux Claires.

Eaux louches.

Eaux troubles

Service Hydrométrique du Bassin de la Seine.

Observations faites sur les petits cours d'eau du 1er Mai 1860 au 30 Avril 1861.

Terrains imperméables indiqués sur la carte par des teintes plates (Torrents)

1860 — 1861

MAI | JUIN | JUILLET | AOÛT | SEPTEMBRE | OCTOBRE | NOVEMBRE | DÉCEMBRE | JANVIER | FÉVRIER | MARS | AVRIL

1° Granite (teinte rose)

Le Cousin à Avallon. Superficie des Versants 300 Kq.

La Cure à St Père. Superficie des Versants 540 Kq.

2° Lias (teinte bleu)

L'Armançon à Aisy. Superficie des Versants 1490 Kq.

La Marne à Chaumont. Superficie des Versants 640 Kq.

3° Terrain crétacé inférieur.

L'Ouanne à Toucy. Superficie des Versants 140 Kq.

4° Terrain crétacé inf. et marne de Kimmeridge

L'Aire à Vraincourt. Superficie des Versants 410 Kq.

5° Terrain crétacé inférieur.

L'Epte à Gisors. Superficie des Versants 340 Kq.

La Barse à la Guilliotière. Superficie des Versants 270 Kq.

6° Mêmes terrains (Cours d'eau à régime régularisé par des étangs)

La Voire à Rosnay. Superficie des Versants 780 Kq.

L'Aisne à Ste Menehould. Superficie des Versants 640 Kq.

7° Argiles à Meulières de la Brie et Calcaires tertiaires inférieurs aux Marnes vertes (rayure orange)

L'Ourcq à Oequerre. Superficie des Versants 1040 Kq.

La Seine à Paris. Superficie des Versants 43 270 Kq.

(Pont Royal. Le Zéro de l'échelle est à 0,57 au dessous de l'étiage)

Les variations brusques de niveau sont dues aux éclusées de l'Yonne et de Seine.

TERRAINS PERMÉABLES INDIQUÉS SUR LA CARTE PAR DES RAYURES (Cours d'eau tranquilles)

1° Calcaire Oolithique (rayures bleues)

La Seine à Gommeville. Superficie des Versants 640 Kq.

L'Ource à Autricourt. Superficie des Versants 520 Kq.

L'Ornain près Bar-le-Duc. Superficie des Versants 880 Kq.

La Saulx à Sandrupt. Superficie des Versants 400 Kq.

2° Craie blanche (rayure jaune)

La Somme Soude à Coulans. Superficie des Versants 290 Kq.

Le Moul à Villeseneux. Superficie des Versants 23 Kq.

La Somme à Vormée. Superficie des Versants 35 Kq.

L'Orvin à Marcilly le Hayer. Superficie des Versants 51 Kq.

3° Plateaux tertiaires drainés par la Craie (rayure jaune)

L'Eure à Louviers. Superficie des Versants 3580 Kq.

4° Sables de Fontainebleau et Calcaires de la Beauce (rayure violette)

L'Essonne à Mennecy. Superficie des Versants 1840 Kq.

En longueur ½ millimètre indique un jour. — en hauteur ½ millimètre indique un décimètre de hauteur d'eau.

Superf. du bassin de la Seine à Rouen (fin de la Seine fluviale) 71000 Kq. — Surface totale du bassin de la Seine: 79000 kilomètres quarrés.

SERVICE HYDROMÉTRIQUE DU BASSIN DE LA SEINE.

Observations faites sur les grands cours d'eau du 1er Mai 1860 au 30 Avril 1861.

Faisant connaître les relations des crues des divers affluents avec celles du Fleuve.

Teintes conventionnelles.

- Eaux Claires.
- Eaux louches.
- Eaux troubles

1860. — 1861.

MAI. JUIN. JUILLET. AOÛT. SEPTEMBRE. OCTOBRE. NOVEMBRE. DÉCEMBRE. JANVIER. FÉVRIER. MARS. AVRIL.

La Seine à Bray.

L'Yonne à Clamecy. Torrent. Superf. du bassin 856 K. q.

L'Yonne à Sens.

La Seine à Montereau.

Le Loing à Nemours.

La Marne à St Dizier.

La Marne à Chalifert.

La Seine à Paris.

L'Aisne à Pontavert.

L'Oise à Venette près Compiègne. Superf. du bassin 12,392 K. q.

La Seine à Poissy.

La Seine à Mantes.

En longueur ½ millimètre indique un jour. — en hauteur ½ millimètre indique un décimètre de hauteur d'eau.

Superficie du bassin de la Seine à Rouen (fin de la Seine fluviale) 74000 K. q. — Superficie du bassin de la Seine à Quillebœuf (fin de la Seine maritime) 79,000 K. q.

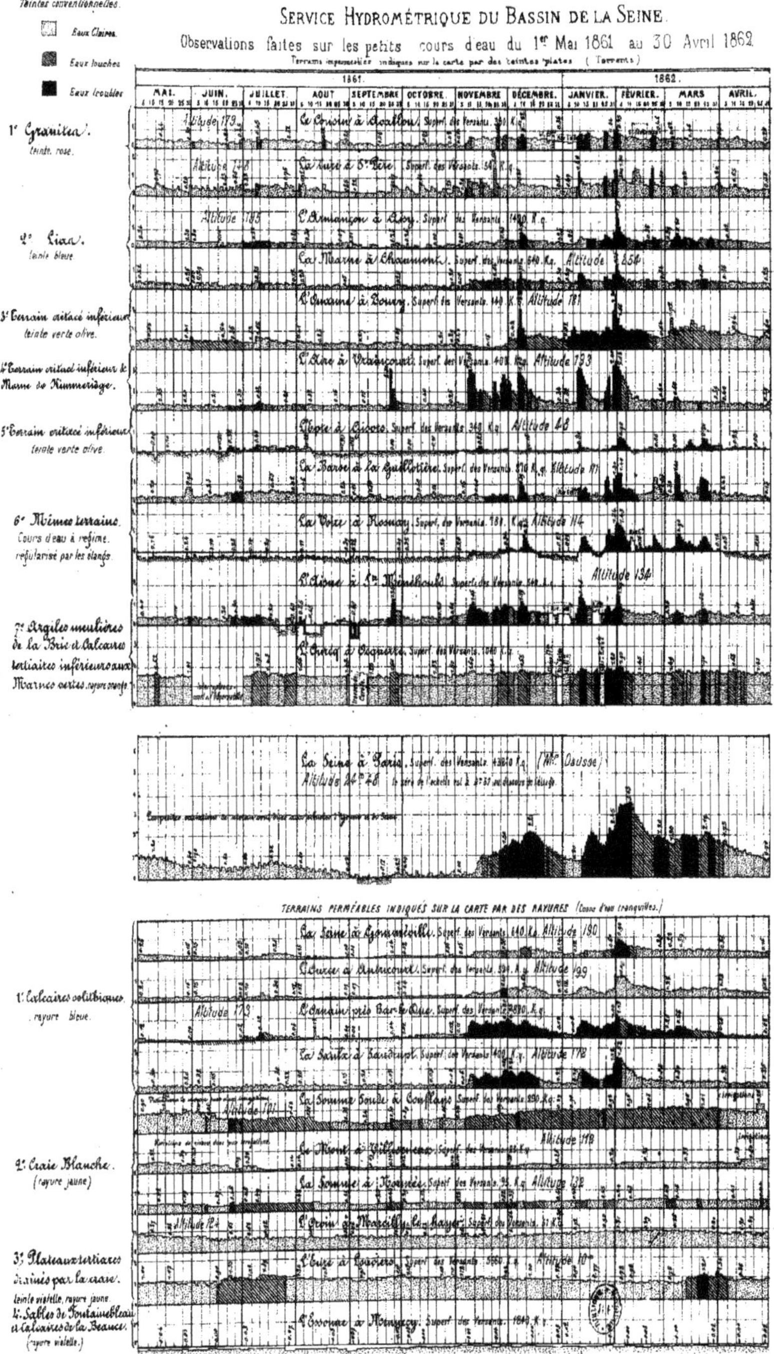
Service Hydrométrique du Bassin de la Seine.
Observations faites sur les petits cours d'eau du 1er Mai 1861 au 30 Avril 1862.
Teintes conventionnelles.
Eaux Claires.
Eaux louches
Eaux troubles
1861.
1862.
MAI.
JUIN.
JUILLET.
AOUT
SEPTEMBRE
OCTOBRE.
NOVEMBRE
DÉCEMBRE.
JANVIER.
FÉVRIER.
MARS
AVRIL.
1° Granites.
teinte rose.
2° Lias.
teinte bleue
3° Terrain crétacé inférieur
teinte verte olive.
4° Terrain crétacé inférieur & Marne de Kimmeridge.
5° Terrain crétacé inférieur
teinte verte olive.
6° Mêmes terrains.
Cours d'eau à régime régularisé par les étangs.
7° Argiles meulières de la Brie et Calcaires tertiaires inférieurs aux Marnes vertes.
La Seine à Paris.
Altitude 24m 46
TERRAINS PERMÉABLES INDIQUÉS SUR LA CARTE PAR DES RAYURES (Cours d'eau tranquilles.)
1° Calcaires oolithiques.
rayure bleue.
2° Craie Blanche.
(rayure jaune)
3° Plateaux tertiaires drainés par la craie.
teinte violette, rayure jaune.
4° Sables de Fontainebleau et Calcaires de la Beauce.
(rayure violette.)
L'Eure à Louviers
L'Essonne à Mennecy.
En longueur ½ millimètre indique un jour. — en hauteur ½ millimètre indique un décimètre de hauteur d'eau
Superf. du bassin de la Seine à Rouen (fin de la Seine fluviale) 74000 K.q. — Surface totale du bassin de la Seine 79000 kilomètres carrés

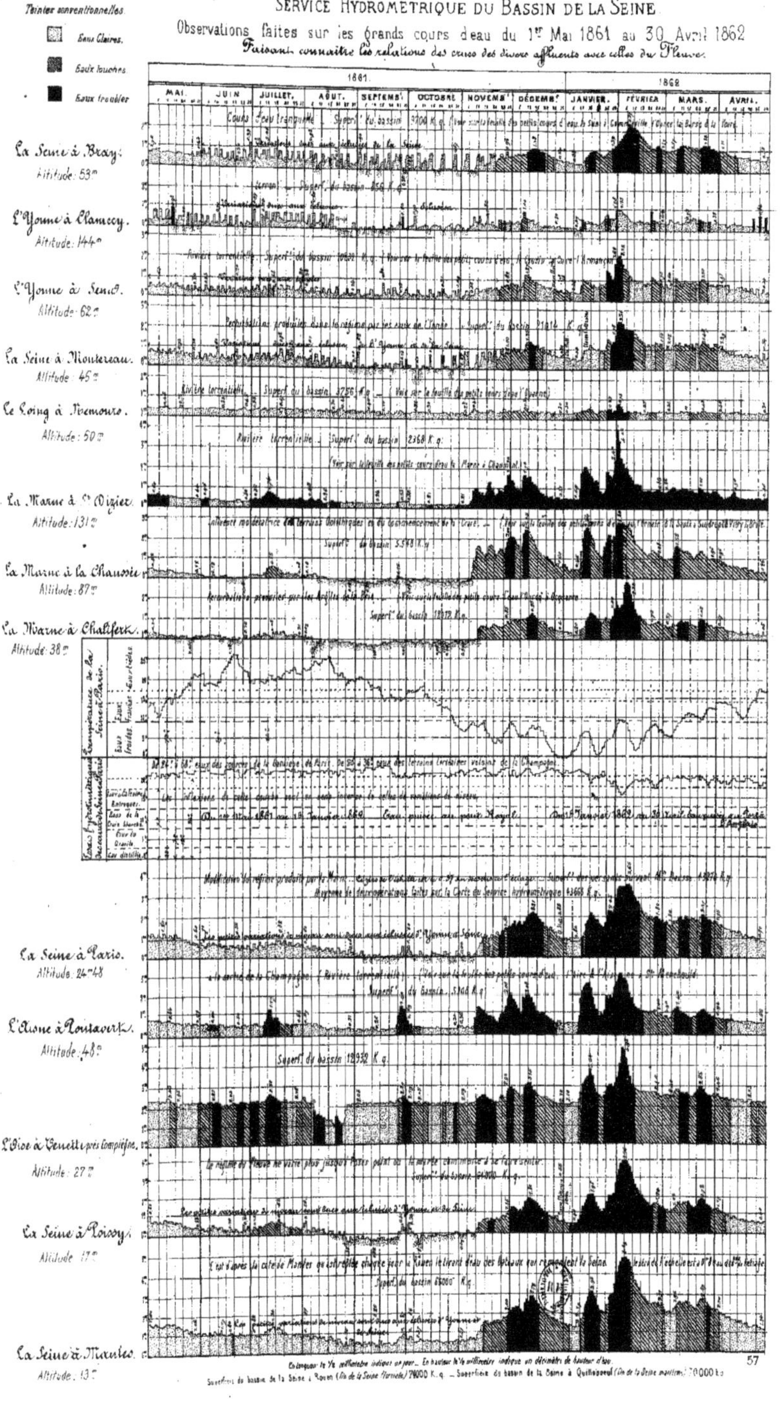
SERVICE HYDROMÉTRIQUE DU BASSIN DE LA SEINE
Observations faites sur les grands cours d'eau du 1er Mai 1861 au 30 Avril 1862
Faisant connaître les relations des crues des divers affluents avec celles du Fleuve.
Teintes conventionnelles
Eaux Claires.
Eaux louches.
Eaux troubles
1861
1862
MAI.
JUIN
JUILLET.
AOUT.
SEPTEMBre
OCTOBRE
NOVEMBre
DÉCEMBre
JANVIER.
FÉVRIER
MARS.
AVRIL.
La Seine à Bray.
Altitude: 53m
L'Yonne à Clamecy.
Altitude: 144m
L'Yonne à Sens.
Altitude: 62m
La Seine à Montereau.
Altitude: 45m
Le Loing à Nemours.
Altitude: 50m
La Marne à St Dizier
Altitude: 131m
La Marne à la Chaussée
Altitude: 87m
La Marne à Chalifert.
Altitude: 38m
La Seine à Paris.
Altitude: 24m48
L'Aisne à Pontavert.
Altitude: 48m
L'Oise à Venette près Compiègne.
Altitude: 27m
La Seine à Poissy.
Altitude: 17m
La Seine à Mantes.
Altitude: 13m
Superf.ie du bassin 12932 K.q.
57

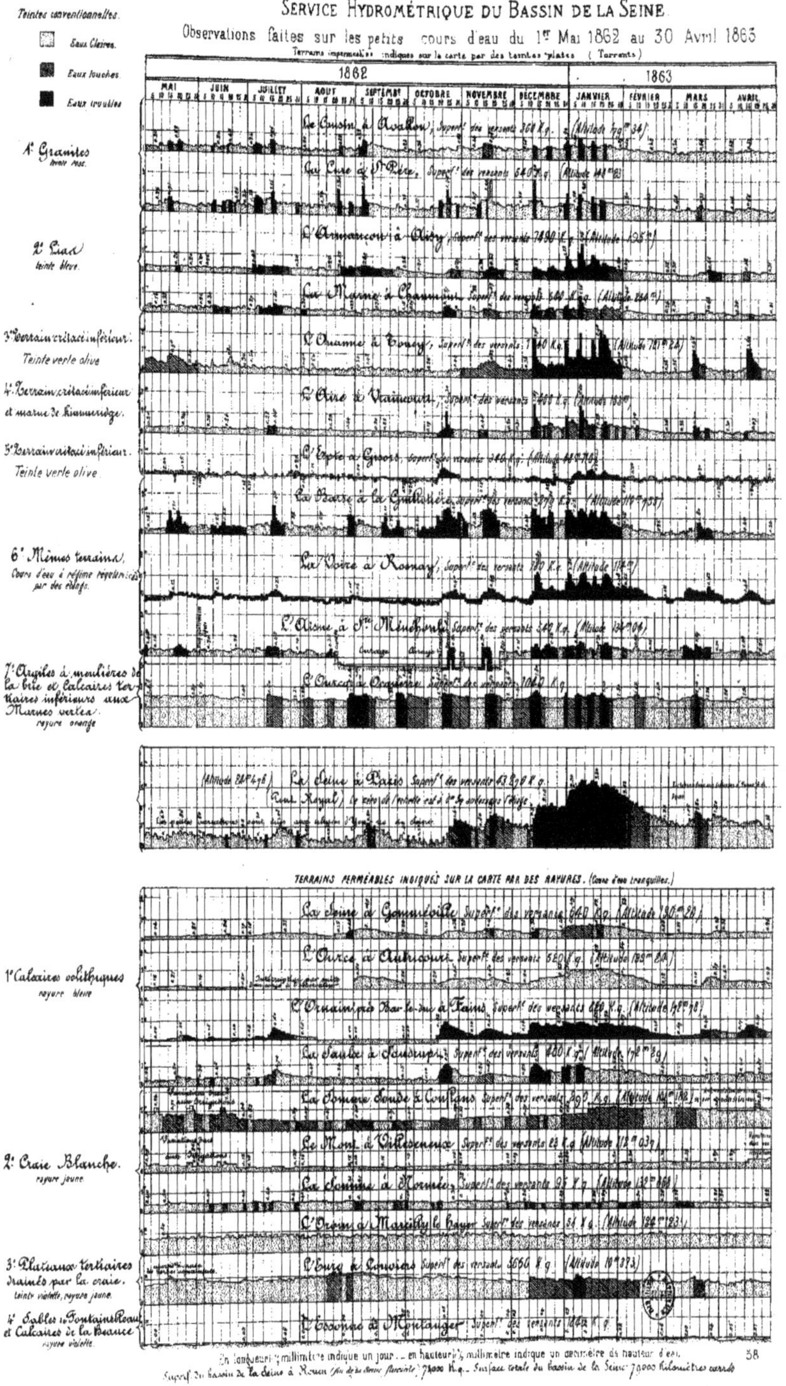
Service Hydrométrique du Bassin de la Seine.
Observations faites sur les petits cours d'eau du 1er Mai 1862 au 30 Avril 1863
Teintes conventionnelles.
Eaux Claires.
Eaux louches.
Eaux troubles
1862
1863
MAI
JUIN
JUILLET
AOUT
SEPTEMBRE
OCTOBRE
NOVEMBRE
DÉCEMBRE
JANVIER
FÉVRIER
MARS
AVRIL
1° Granites
2° Lias
teinte bleue.
3° Terrain crétacé inférieur.
Teinte verte olive
4° Terrain crétacé inférieur et marne de Kimmeridge.
Teinte verte olive
6° Mêmes terrains,
Cours d'eau à régime régularisé par des étangs.
7° Argiles à meulières de la brie et Calcaires tertiaires inférieurs aux Marnes vertes.
rayure orange
TERRAINS PERMÉABLES INDIQUÉS SUR LA CARTE PAR DES RAYURES. (Cours d'eau tranquilles.)
1° Calcaires oolithiques
rayure bleue
2° Craie Blanche.
rayure jaune
3° Plateaux tertiaires drainés par la craie.
teinte violette, rayure jaune.
4° Sables de Fontainebleau et Calcaires de la Beauce
rayure violette.
En longueur 1 millimètre indique un jour... en hauteur 1 millimètre indique un décimètre de hauteur d'eau.
38

Service Hydrométrique du Bassin de la Seine

Observations faites sur les grands cours d'eau du 1er Mai 1862 au 30 Avril 1863.

Faisant connaître les relations des crues des divers affluents avec celles du Fleuve.

Teintes conventionnelles

- Eaux Claires.
- Eaux louches.
- Eaux troublées

1862: Mai, Juin, Juillet, Août, Setembre, Octobre, Novembre, Décembre

1863: Janvier, Février, Mars, Avril

La Seine à Bray — Altitude 53m

L'Yonne à Clamecy — Altitude 144m

L'Yonne à Sens — Altitude 63m

La Seine à Montereau — Altitude 46m

Le Loing à Nemours — Altitude 60m

La Marne à St Dizier — Altitude 131m

La Marne à la Chaussée — Altitude 87m

La Marne à Chalifert — Altitude 38m

Température de la Seine à Paris

La Seine à Paris — Altitude 26m

L'Aisne à Pontavert — Altitude 48m

L'Oise à Venette — Altitude 42m

La Seine à Poissy — Altitude 17m

La Seine à Mantes — Altitude 13m

En longueur ½ millimètre indique un jour. — en hauteur ½ millimètre indique un décimètre de hauteur d'eau.

Photographie H. Molhier

Superf. du bassin de la Seine à Rouen (fin de la Seine fluviale) 74000 K.q. — Surface totale du bassin de la Seine, 78000 kilomètres quarrés.

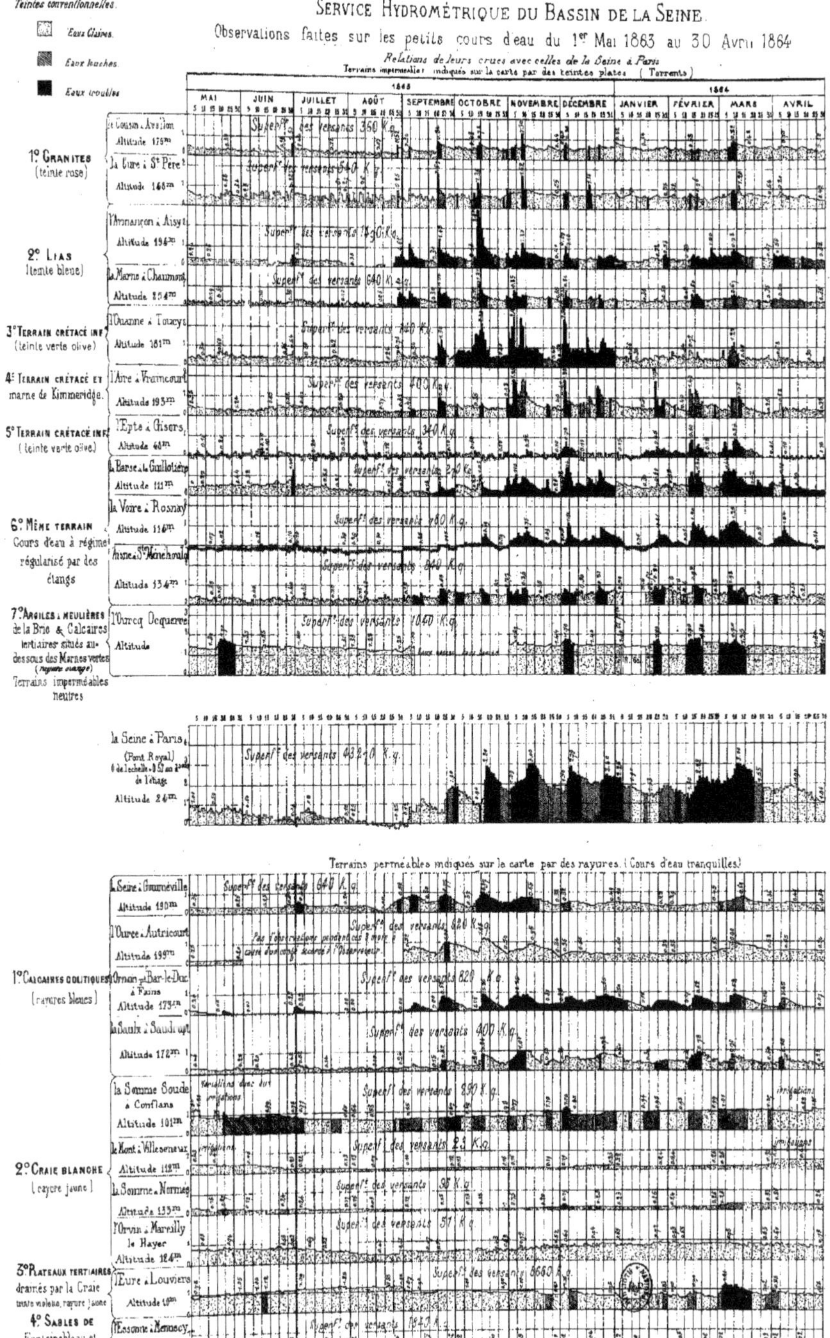

Teintes conventionnelles.
Eaux Claires.
Eaux louches.
Eaux troubles.
SERVICE HYDROMÉTRIQUE DU BASSIN DE LA SEINE.
Observations faites sur les petits cours d'eau du 1er Mai 1863 au 30 Avril 1864
Relations de leurs crues avec celles de la Seine à Paris
Terrains imperméables indiqués sur la carte par des teintes plates (Torrents)
1863
1864
MAI
JUIN
JUILLET
AOÛT
SEPTEMBRE
OCTOBRE
NOVEMBRE
DÉCEMBRE
JANVIER
FÉVRIER
MARS
AVRIL
1° GRANITES (teinte rose)
le Cousin à Avallon
Altitude 179m
la Cure à St Père
Altitude 168m
2° LIAS (teinte bleue)
l'Armançon à Aisy
Altitude 194m
la Marne à Chaumont
Altitude 254m
3° TERRAIN CRÉTACÉ INF. (teinte verte olive)
l'Ouanne à Toucy
Altitude 181m
4° TERRAIN CRÉTACÉ ET marne de Kimmeridge.
l'Aire à Vraincourt
Altitude 193m
5° TERRAIN CRÉTACÉ INF. (teinte verte olive)
l'Epte à Gisors
Altitude 60m
6° MÊME TERRAIN Cours d'eau à régime régularisé par des étangs
la Barse à la Guillotière
Altitude 111m
la Voire à Rosnay
Altitude 116m
l'Aisne à Ste Ménehould
Altitude 134m
7° ARGILES À MEULIÈRES de la Brie & Calcaires tertiaires situés au-dessous des Marnes vertes (rayure orange)
Terrains imperméables neutres
l'Ourcq à Ocquerre
Altitude
la Seine à Paris (Pont Royal)
Altitude 24m
Terrains perméables indiqués sur la carte par des rayures. (Cours d'eau tranquilles)
1° CALCAIRES OOLITIQUES (rayures bleues)
la Seine à Gommeville
Altitude 190m
l'Ource à Autricourt
Altitude 199m
l'Ornain près Bar-le-Duc à Fains
Altitude 173m
la Saulx à Saudrupt
Altitude 172m
2° CRAIE BLANCHE (rayure jaune)
la Somme Soude à Conflans
Altitude 101m
le Mont à Villeseneux
Altitude 112m
la Somme à Normée
Altitude 133m
l'Orvin à Marcilly le Hayer
Altitude 124m
3° PLATEAUX TERTIAIRES drainés par la Craie
l'Eure à Louviers
4° SABLES DE Fontainebleau et Calcaires de la Beauce
l'Essonne à Mennecy
Altitude
Superf.e des versants 360 K.q.
Superf.e des versants 540 K.q.
Superf.e des versants 1490 K.q.
Superf.e des versants 640 K.q.
Superf.e des versants 400 K.q.
Superf.e des versants 340 K.q.
Superf.e des versants 4320 K.q.
Superf.e des versants 640 K.q.
Superf.e des versants 820 K.q.
Superf.e des versants 400 K.q.
Superf.e des versants 8660 K.q.
60
En longueur ½ millimètre indique un jour. — en hauteur ½ millimètre indique un décimètre de hauteur d'eau.

Teintes conventionnelles.

Eaux Claires.

Eaux louches.

Eaux troubles.

SERVICE HYDROMÉTRIQUE DU BASSIN DE LA SEINE.

Observations faites sur les grands cours d'eau du 1er Mai 1863 au 30 Avril 1864.

Faisant connaître les relations des crues des divers affluents avec celles du Fleuve.

1863: MAI, JUIN, JUILLET, AOÛT, SEPTEMBRE, OCTOBRE, NOVEMBRE, DÉCEMBRE

1864: JANVIER, FÉVRIER, MARS, AVRIL.

La Seine à Bray — Altitude: 55m.

L'Yonne à Clamecy — Altitude 144m.

L'Yonne à Sens — Altitude 62m.

La Seine à Montereau — Altitude 46m.

Le Loing à Nemours — Altitude 60m.

La Marne à St Dizier — Altitude 131m.

La Marne à Chaussée — Altitude 87m.

La Marne à Chalifert — Altitude 38m.

Température de la Seine à Paris — Eaux tièdes — Eaux fraîches — Eaux froides

La Seine à Paris — Altitude 24m.

L'Aisne à Pontavert — Altitude 46m.

L'Oise à Venette près Compiègne — Altitude 27m.

La Seine à Poissy — Altitude 12m.

La Seine à Mantes — Altitude 13m.

Autographie. E. Millière

En longueur le ½ millimètre indique un jour. En hauteur le ½ millimètre indique un décimètre de hauteur d'eau.

Superficie du bassin de la Seine à Rouen (fin de la Seine fluviale) 74000 K.q. Superficie du bassin de la Seine à Quillebœuf (fin de la Seine maritime) 7[illegible]

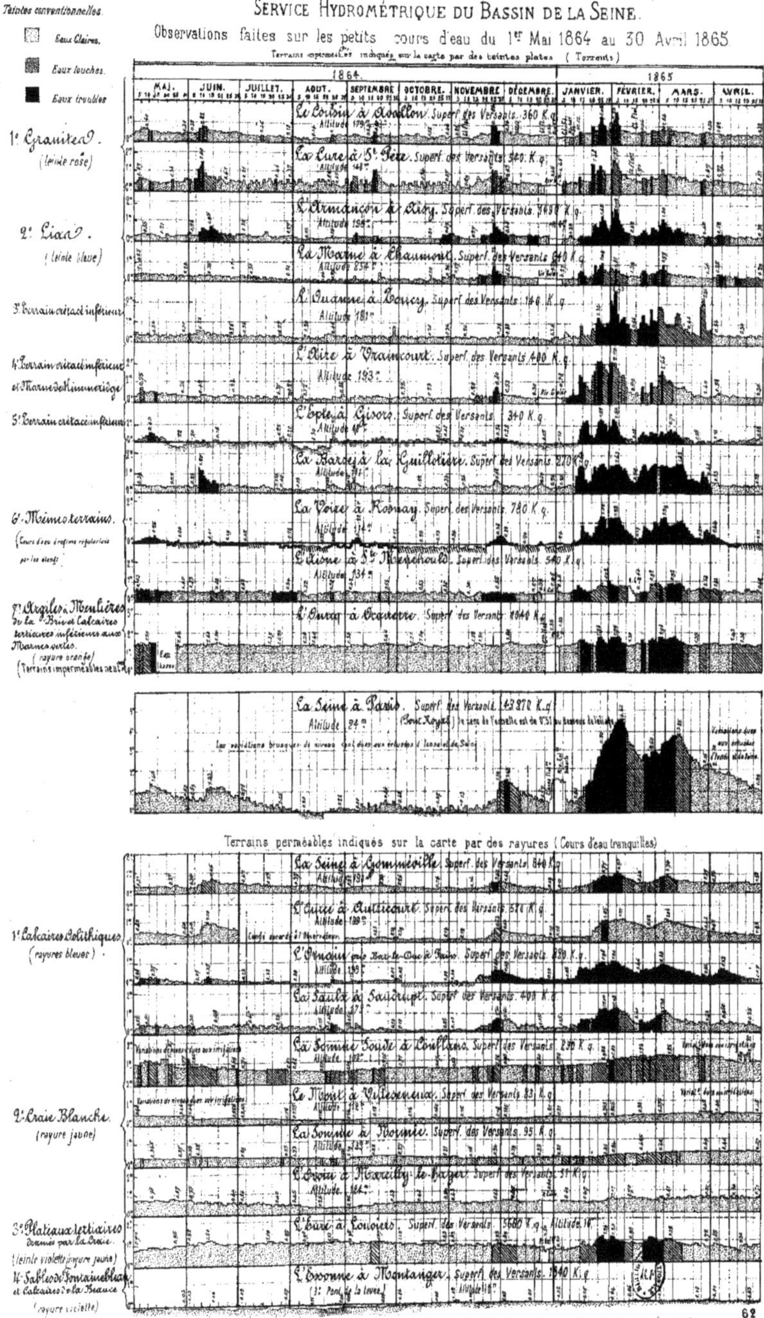

En longueur ½ millimètre indique un jour ... en hauteur ½ millimètre indique un décimètre de hauteur d'eau

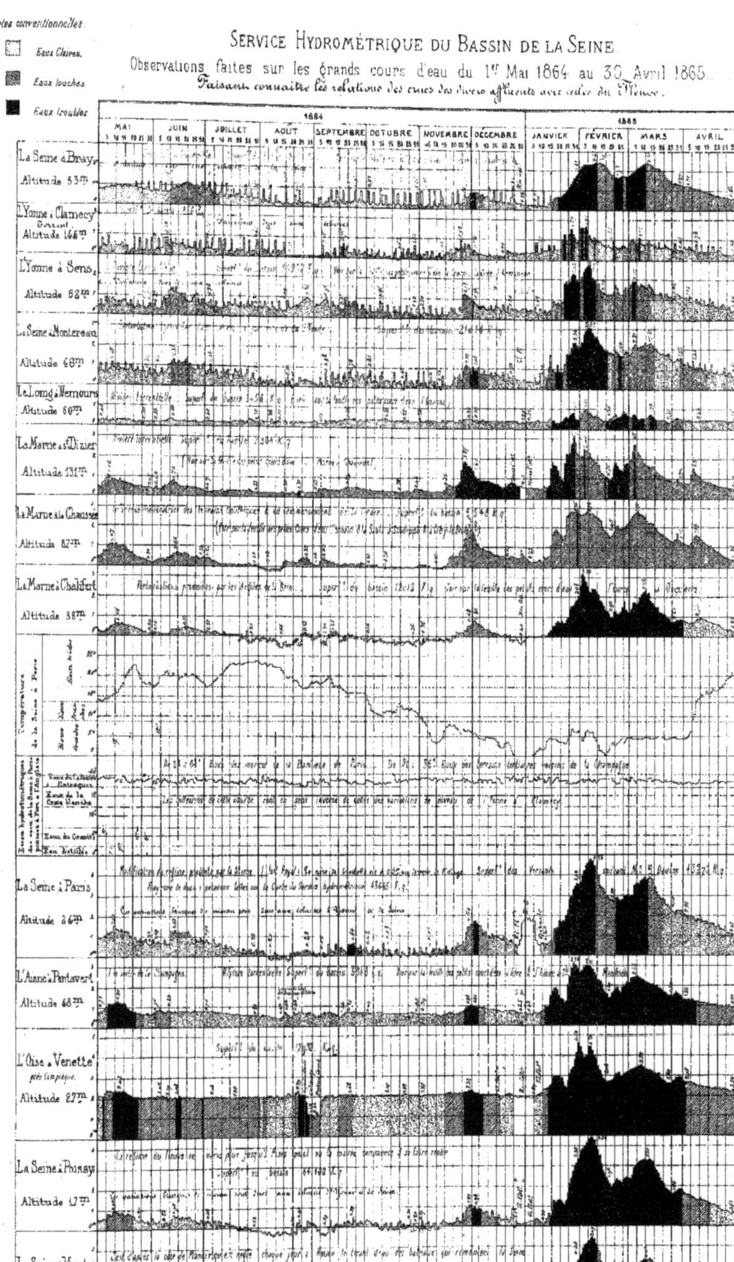

Autog. E. Millet.

En longueur 1 millimètre indique un jour — en hauteur 1 millimètre indique un décimètre de hauteur d'eau.

Superficie du bassin de la Seine à Rouen ... Superficie du bassin de la Seine à Quillebœuf ...

Service Hydrométrique du Bassin de la Seine.

Observations faites sur les petits cours d'eau du 1er Mai 1865 au 30 Avril 1866

Teintes conventionnelles.
Eaux Claires.
Eaux louches.
Eaux troubles

Terrains imperméables indiqués sur la carte par des teintes plates (Torrents)

1865 — Mai, Juin, Juillet, Août, Septembre, Octobre, Novembre, Décembre
1866 — Janvier, Février, Mars, Avril

1° Granites (teinte rose).
- Le Cousin à Avallon Superf.e des versants 350 K.q. (Altitude [illegible])
- La Cure à St Père Superf.e des versants 540 K.q. (Altitude [illegible])

2° Lias (teinte bleue).
- L'Armançon à Aisy Superf.e des versants 1400 K.q. (Altitude [illegible] 500)
- La Marne à Chaumont Superf.e des versants 640 K.q. (Altitude 252m)

3° Terrain crétacé inférieur.
- L'Ouanne à Toucy Superf.e des versants 140 K.q. (Altitude 181m 24)

4° Terrain crétacé inférieur et Marne de Kimmeridge.
- L'Aire à Vraincourt Superf.e des versants 400 (Altitude [illegible])

5° Terrain crétacé inférieur.
- L'Epte à Gisors Superf.e des versants 340 K.q. (Altitude [illegible])
- La Barse à la Guillotière Superf.e des versants 270 K.q. (Altitude [illegible])

6° Mêmes terrains. Cours d'eau à régime, régularisé par des étangs.
- La Voire à Rosnay Superf.e des versants 700 K.q. (Altitude 114m)
- L'Aisne à Ste Menehould, Superf.e des versants 540 K.q. (Altitude 135m 04)

7° Argiles à Meulières de la Brie et Calcaires tertiaires inférieurs aux Marnes vertes. rayures oranges) (Terrains imperméables neutres.)
- L'Ourcq à Ocquerre Superf.e des versants 1000 K.q.

La Seine à Paris Superf.e des versants 43 270 K.q. Pont Royal (le zéro de l'échelle est à 0m.5[illegible] au dessous de l'étiage) Les éruptions brusques sont dues aux débordés d'Yonne et de Seine

Terrains perméables indiqués sur la carte par des rayures (Cours d'eau tranquilles)

1° Calcaires Oolithiques (rayures bleues)
- La Seine à Gomméville Superf.e des versants 640 K.q. (Altitude 180m [illegible])
- L'Ource à Autricourt Superf.e des versants 520 K.q. (Altitude 190m 24)
- L'Ornain près Bar-le-Duc à Fains Superf.e des versants 820 K.q. (Altitude [illegible])
- La Saulx à Sandrupt Superf.e des versants 400 K.q. (Altitude [illegible])

2° Craie blanche (rayure jaune)
- La Somme-Soude à Coufflans Superf.e des versants 290 K.q. (Altitude 101m 182)
- Le Nord à Villeneuve Superf.e des versants 23 K.q. (Altitude 112m 037)
- La Somme à Norrois Superf.e des versants 95 K.q. (Altitude 132m 866)
- L'Orvin à Marcilly-le-Hayer Superf.e des versants 51 K.q. (Altitude 124m [illegible])

Plateaux tertiaires drainés par la Craie : (teinte violette - rayure jaune)
- L'Eure [illegible] Superf.e des versants 5660 K.q. (Altitude [illegible])

Sables de Fontainebleau et Calcaires de la Beauce. (rayure violette)
- L'Essonne à Montauger Superf.e des versants 1840 K.q. [illegible]

En longueur ¼ millimètre indique un jour — en hauteur ¼ millimètre indique un décimètre de hauteur d'eau.

SERVICE HYDROMÉTRIQUE DU BASSIN DE LA SEINE.

Observations faites sur les grands cours d'eau du 1er Mai 1865 au 30 Avril 1866.

Faisant connaître les relations des crues des divers affluents avec celles du Fleuve.

Teintes conventionnelles

- Eaux Claires.
- Eaux louches.
- Eaux troubles

1865. — MAI, JUIN, JUILLET, AOUT, SEPTEMBre, OCTOBRE, NOVEMBRE, DÉCEMBRE

1866. — JANVIER, FÉVRIER, MARS, AVRIL

La Seine à Bray. — Cours d'eau tranquille. Superfie du bassin 9700 K.q. (Altitude 53m00) (Voir sur la feuille des petits cours d'eau la Seine à Dommeville, l'Ourse, la Barse & la Vire)

L'Yonne à Clamecy. — Torrent. — Superfie du bassin 856 K.q. (Altitude 144m16)

L'Yonne à Sens. — Rivière torrentielle. Superfie du bassin 10237 K.q. (Altitude 62m60) Voir sur la feuille des petits cours d'eau le Cousin, la Cure

La Seine à Montereau. — Perturbations produites dans le régime par les eaux de l'Yonne. Superfie du bassin 21044 K.q. (Altitude 46m035)

Le Loing à Nemours. — Rivière torrentielle. Superfie du bassin K.q. (Altitude 59m644) (Voir sur la feuille des petits cours d'eau)

La Marne à St Dizier. — Rivière torrentielle. Superfie du bassin 2300 K.q. (Altitude 131m068) Voir sur la feuille des petits cours d'eau la Marne à Chaumont

La Marne à la Chaussée. — Influence modératrice des terrains Oolithiques et du commencement de la Craie. Voir sur la feuille des petits cours d'eau l'Ornain et la Saulx. Superfie du bassin 5644 K.q. (Altitude 87m56)

La Marne à Chalifert. — Perturbations produites par les argiles de la Brie. Superfie des versants 12012 K.q. (Voir sur la feuille des petits cours d'eau l'Ourcq à Ocquerre) (Altitude 38m K.q.)

Eaux tièdes. — Eau fraîche. — Eaux froides.

Eau de Cotinville — Eau de la Vanne — Eau du Canal

De 24 à 68° aux des sources de la banlieue de Paris. De 80 à 36 aux des terrains tertiaires voisins de la Champagne.

Les inflexions de cette courbe sont en sens inverse de celles des variations de niveau de l'Yonne à Clamecy.

La Seine à Paris. — Modification produite par la Marne. (Pont Royal) le zéro de l'échelle est à 0m59 au dessous l'étiage. Moyenne de deux opérations faites par la suite du service hydrométrique 43,666 K.q. Superfie des versants du Mt Bauges 43,846 K.q. (Altitude 24m 46)

L'Aisne à Pontavert. (A la sortie de la Champagne.) — Rivière torrentielle, à la sortie de la Champagne. Superfie du bassin 5300 K.q. (Altitude 46m10) Voir sur la feuille des petits cours d'eau l'Aire et l'Aisne à Ste Ménehould

L'Oise à Venette près Compiègne. — Superfie du bassin 12638 K.q. (Altitude 29m 00)

La Seine à Poissy. — Le régime du fleuve ne varie plus jusqu'à ce point où la marée commence à se faire sentir. Superfie du bassin 61000 K.q. (Altitude 17m832)

La Seine à Mantes. — Altitude 12m879. (C'est d'après la cote de Mantes qu'est réglé chaque jour à Rouen le tirant d'eau des bateaux qui remontent la Seine.) Superfie des bassins 65000 K.q. (Le zéro de l'échelle est à 0m40 au dessous l'étiage)

La longueur de 1/2 millimètre indique un jour. — La hauteur de 1/2 millimètre indique un décimètre de hauteur d'eau.

Superficie du bassin de la Seine à Rouen (fin de la Seine fluviale) 74000 K.q. — Superficie du bassin de la Seine à Quillebœuf (fin de la Seine maritime) 78000 K.q.

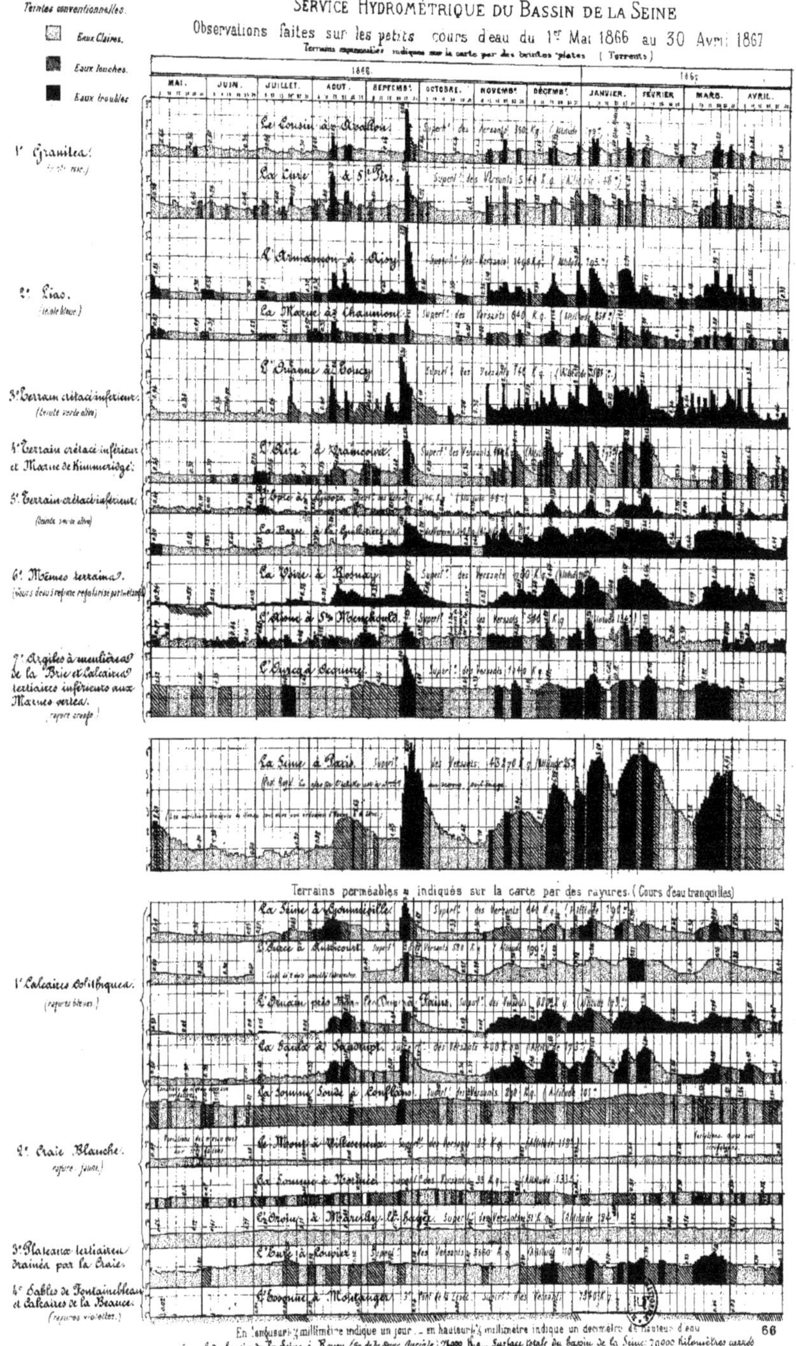

En longueur 1 millimètre indique un jour. – en hauteur 1 millimètre indique un decimètre de hauteur d'eau

Superf. du bassin de la Seine à Rouen ; 74000 K.q. – Surface totale du bassin de la Seine : 79000 Kilomètres carrés

Service Hydrométrique du Bassin de la Seine

Observations faites sur les grands cours d'eau du 1er Mai 1866 au 30 Avril 1867

Faisant connaître les relations des crues des divers affluents avec celles du Fleuve.

Teintes conventionnelles.

- Eaux Claires.
- Eaux louches.
- Eaux troubles

1866. — Mai, Juin, Juillet, Août, Septemb., Octobre, Novembre, Décembre

1867. — Janvier, Février, Mars, Avril

La Seine à Bray. — Cours d'eau tranquille. Superf.e du bassin 9100 K.q. (Altitude 53m 00)

L'Yonne à Clamecy. — Torrent. Superf.e du bassin 858 K.q. (Altitude 144m 160)

L'Yonne à Sens. — Riv. torrentielle. Superf.e du bassin 10232 K.q. (Altitude 60m 26) Voir sur la feuille des petits cours d'eau le Cousin, la Cure et l'Armançon

La Seine à Montereau. — Perturbations produites dans le régime par les eaux de l'Yonne. Superf.e du bassin 21 014 K.q. (Altitude 46m 035)

Le Loing à Nemours. — Riv. torrentielle. Superf.e du bassin 3756 K.q. (Altitude 59m 644) Voir sur la feuille des petits cours d'eau l'Ouanne.

La Marne à St Dizier. — Riv. torrentielle. Superf.e du bassin 2350 K.q. (Altitude 131m 064) Voir sur la feuille des petits cours d'eau la Marne à Chaumont.

La Marne à la Chaussée. — Influence modératrice des terrains perméables. Superf.e des sources 5540 K.q.

La Marne à Chalifert. — Perturbations produites par les argiles de la Brie. Superf.e du bassin 12 010 K.q.

Eaux tièdes — Eaux fraîches — Eaux froides

Les inflexions de cette courbe sont en sens inverse de celles des variations de l'Yonne à Clamecy.

La Seine à Paris. — Modification du régime produite par la Marne. Superf.e du bassin 43 665 K.q.

L'Aisne à Pontavert à la sortie de la Champagne. — Riv. torrentielle. Superf.e du bassin 5305 K.q. (Altitude 45m 10)

L'Oise à Venette près Compiègne. — Superf.e du bassin 10 330 K.q.

La Seine à Poissy. — Superf.e du bassin 64 000 K.q. (Altitude 17m 022)

La Seine à Mantes. — Superf.e du bassin 66 000 K.q. (Altitude 12m 073)

En longueur ½ millimètre indique un jour. — en hauteur ½ millimètre indique un décimètre de hauteur d'eau.

Superficie du bassin de la Seine à Rouen (fin de la Seine fluviale) 74000 K.q. — Superficie du bassin de la Seine à Quillebeuf (fin de la Seine maritime) 79000 K.q.

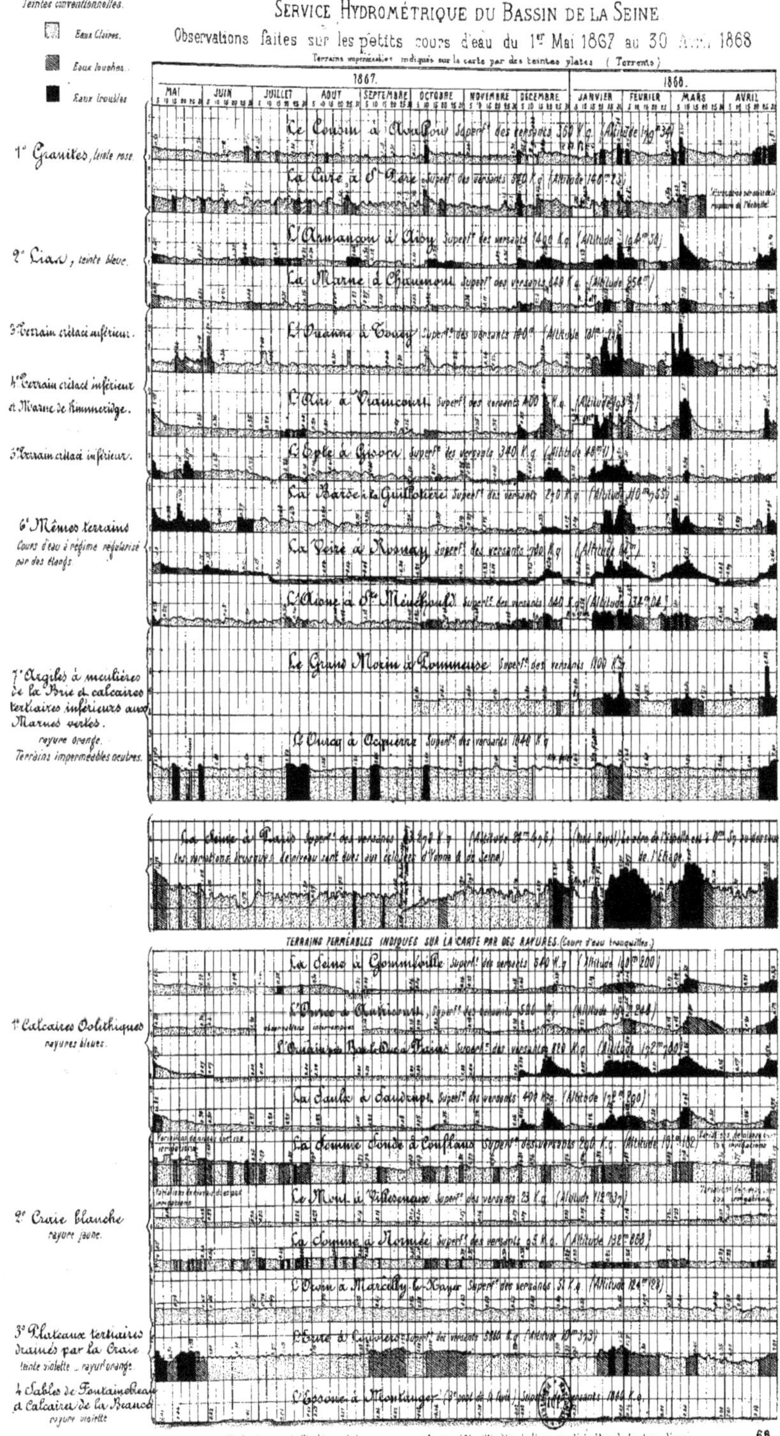

En longueur ½ millimètre indique un jour — en hauteur ½ millimètre indique un décimètre de hauteur d'eau

Superf. du bassin de la Seine à Rouen (fin de la Seine fluviale) 71000 K.q. — Surface totale du bassin de la Seine 79000 kilomètres quarrés.

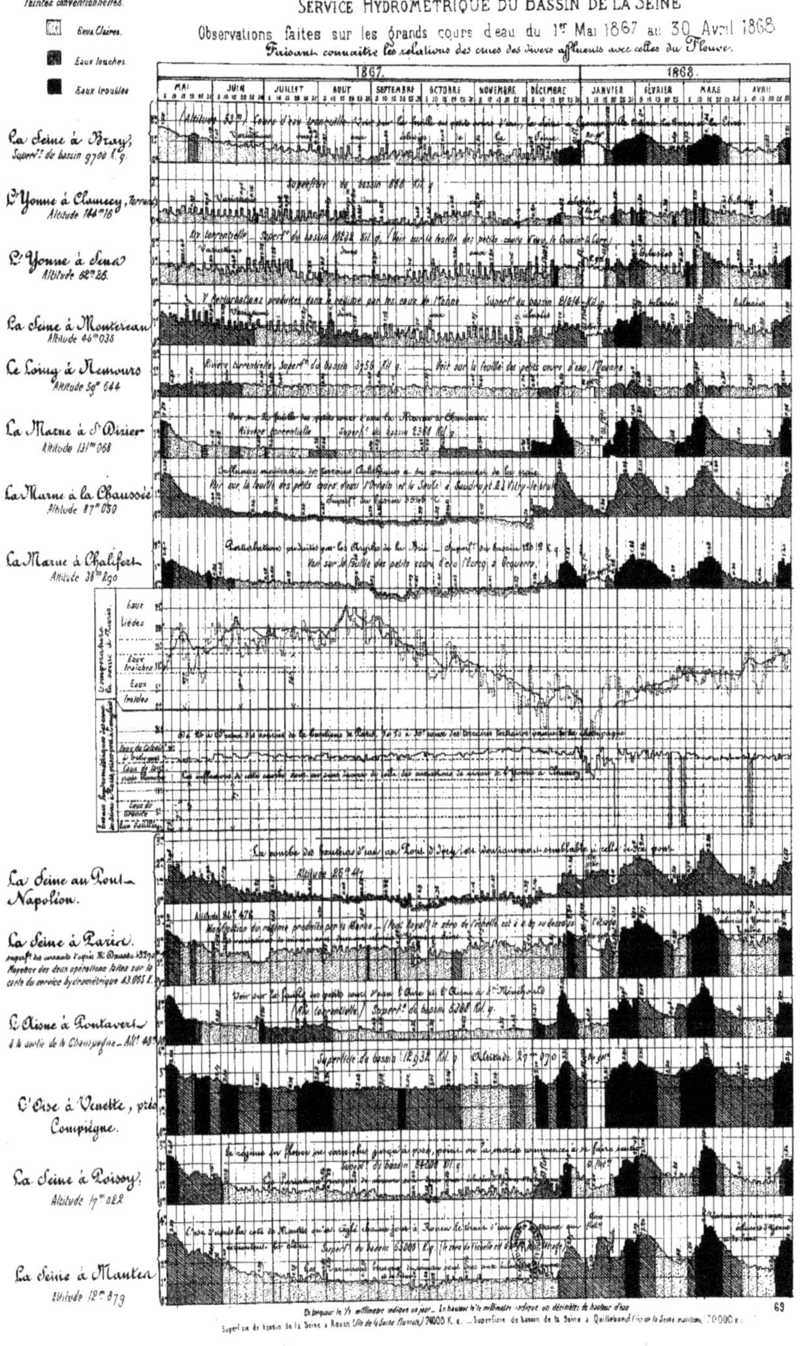

Teintes conventionnelles.
Eaux Claires.
Eaux louches.
Eaux troubles.
SERVICE HYDROMÉTRIQUE DU BASSIN DE LA SEINE
Observations faites sur les grands cours d'eau du 1er Mai 1867 au 30 Avril 1868
Faisant connaître les relations des crues des divers affluents avec celles du Fleuve.
1867.
1868.
MAI
JUIN
JUILLET
AOUT
SEPTEMBRE
OCTOBRE
NOVEMBRE
DÉCEMBRE
JANVIER
FÉVRIER
MARS
AVRIL
La Seine à Bray,
Superf. du bassin 9700 K. q.
L'Yonne à Clamecy,
Altitude 144m 16
L'Yonne à Sens
Altitude 62m 26.
La Seine à Montereau
Altitude 46m 038
Le Loing à Nemours
Altitude 59m 644
La Marne à St Dizier
Altitude 131m 068
La Marne à la Chaussée
Altitude 87m 050
La Marne à Chalifert
Altitude 38m 890
Eaux tièdes
Eaux fraîches
Eaux froides
La Seine au Pont Napoléon.
Altitude 26m 41
La Seine à Paris.
L'Aisne à Pontavert
L'Oise à Venette, près Compiègne.
La Seine à Poissy.
Altitude 17m 022
La Seine à Mantes
Altitude 12m 879

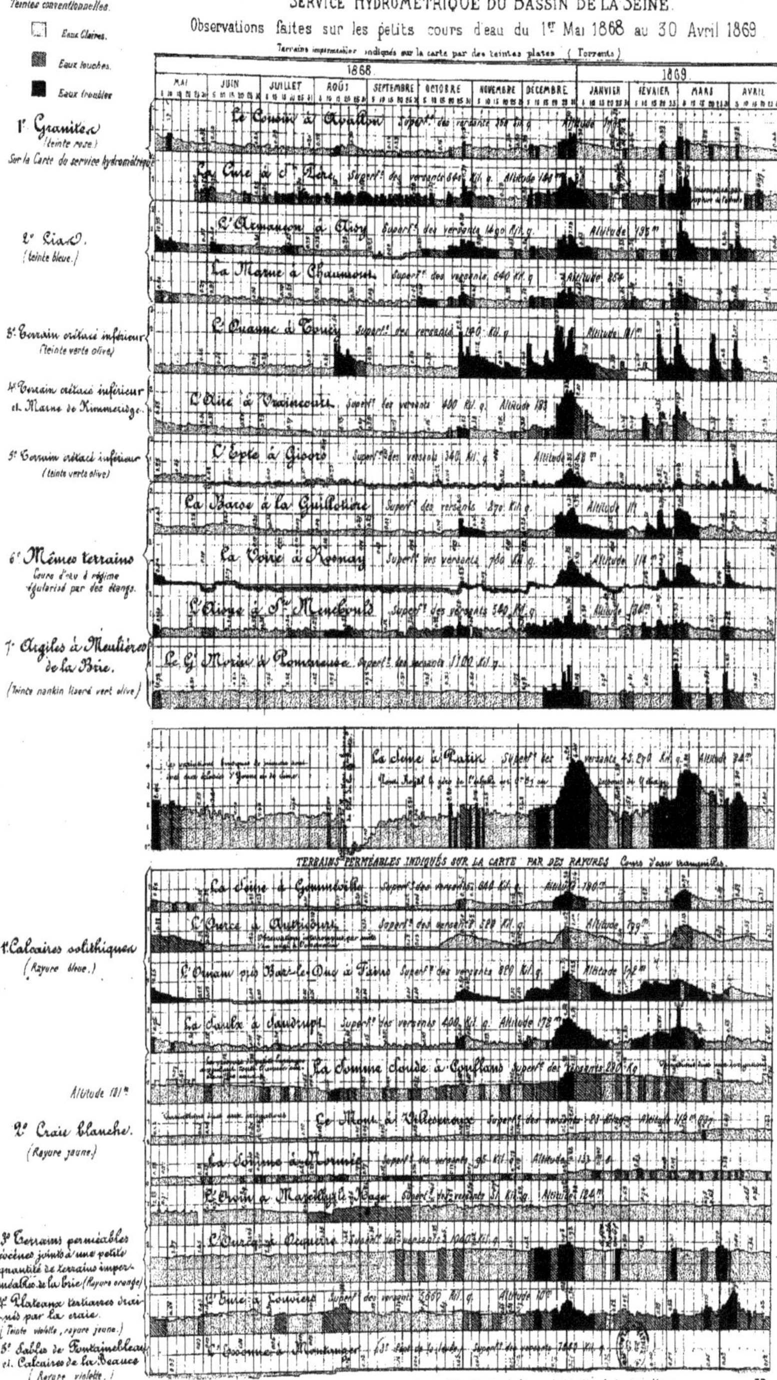

En longueur ½ millimètre indique un jour... en hauteur ½ millimètre indique un décimètre de hauteur d'eau.

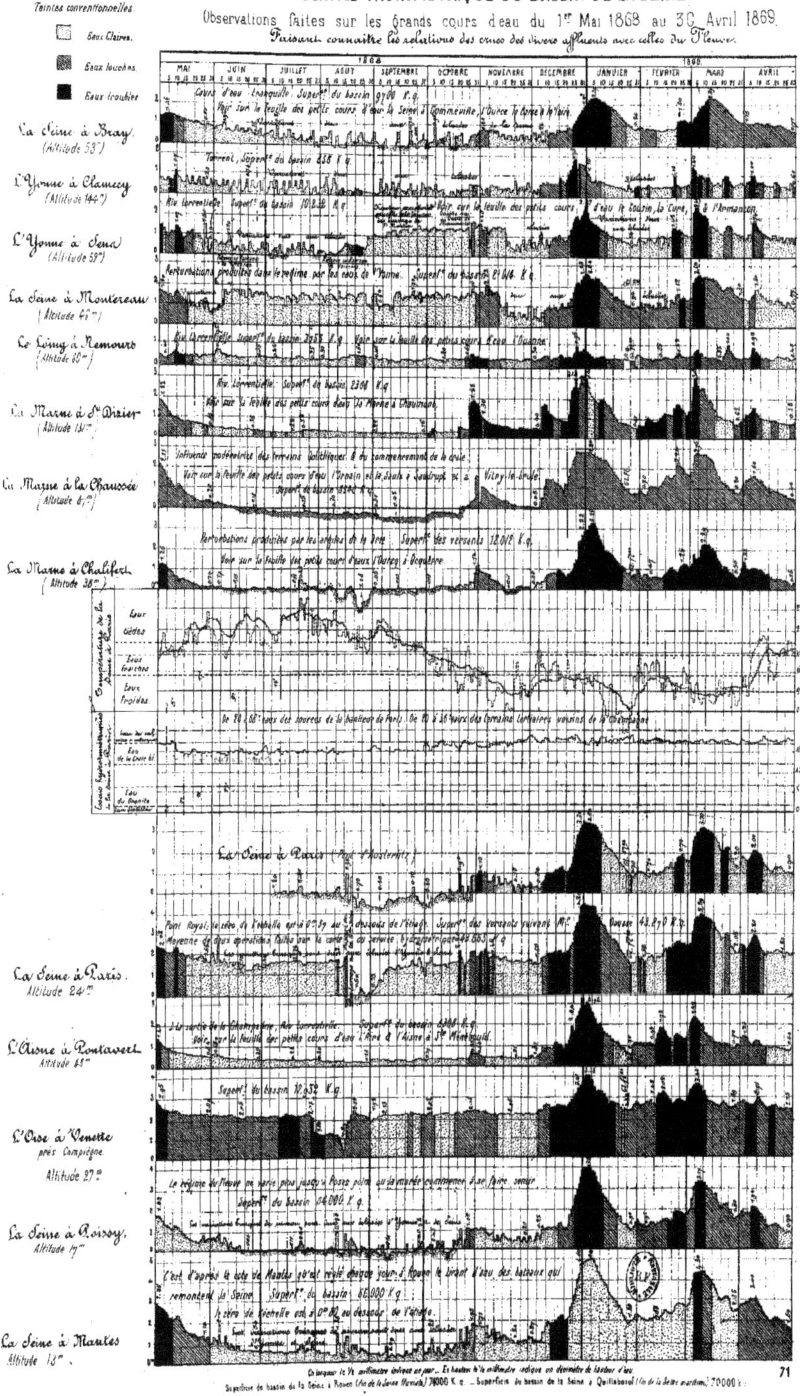

SERVICE HYDROMÉTRIQUE DU BASSIN DE LA SEINE
Observations faites sur les grands cours d'eau du 1er Mai 1868 au 30 Avril 1869.
Faisant connaître les relations des crues des divers affluents avec celles du Fleuve.
Teintes conventionnelles.
Eaux Claires.
Eaux louches.
Eaux troubles
1868
1869
MAI
JUIN
JUILLET
AOUT
SEPTEMBRE
OCTOBRE
NOVEMBRE
DÉCEMBRE
JANVIER
FÉVRIER
MARS
AVRIL
La Seine à Bray (Altitude 53m)
Cours d'eau tranquille. Superf.e du bassin 9700 K.q.
L'Yonne à Clamecy (Altitude 144m)
Torrent. Superf.e du bassin 838 K.q.
L'Yonne à Sens (Altitude 59m)
La Seine à Montereau (Altitude 47m)
Perturbations produites dans le régime par les eaux de l'Yonne.
Le Loing à Nemours (Altitude 60m)
La Marne à St Dizier (Altitude 131m)
Riv. torrentielle. Superf.e du bassin 2300 K.q.
Voir sur la feuille des petits cours d'eau la Marne à Chaumont.
La Marne à la Chaussée (Altitude 81m)
La Marne à Chalifert (Altitude 38m)
Eaux tièdes
Eaux fraiches
Eaux froides
La Seine à Paris (Pont d'Austerlitz)
La Seine à Paris. Altitude 24m
L'Aisne à Pontavert. Altitude 63m
Superf.e du bassin 10332 K.q.
L'Oise à Venette près Compiègne Altitude 27m
La Seine à Poissy. Altitude 17m
Superf.e du bassin 64000 K.q.
La Seine à Mantes Altitude 13m.
C'est d'après la cote de Mantes qu'est réglé chaque jour à Rouen le tirant d'eau des bateaux qui remontent la Seine. Superf.e du bassin 66000 K.q
Le zéro de l'échelle est à 0m 80 au dessous de l'étiage.
En longueur le 1/2 millimètre indique un jour. En hauteur le 1/2 millimètre indique un décimètre de hauteur d'eau.
Superficie du bassin de la Seine à Rouen (fin de la Seine fluviale) 74000 K.q. — Superficie du bassin de la Seine à Quillebeuf (fin de la Seine maritime) 79000 K.q.

Service Hydrométrique du Bassin de la Seine.

Observations faites sur les petits cours d'eau du 1er Mai 1869 au 30 Avril 1870

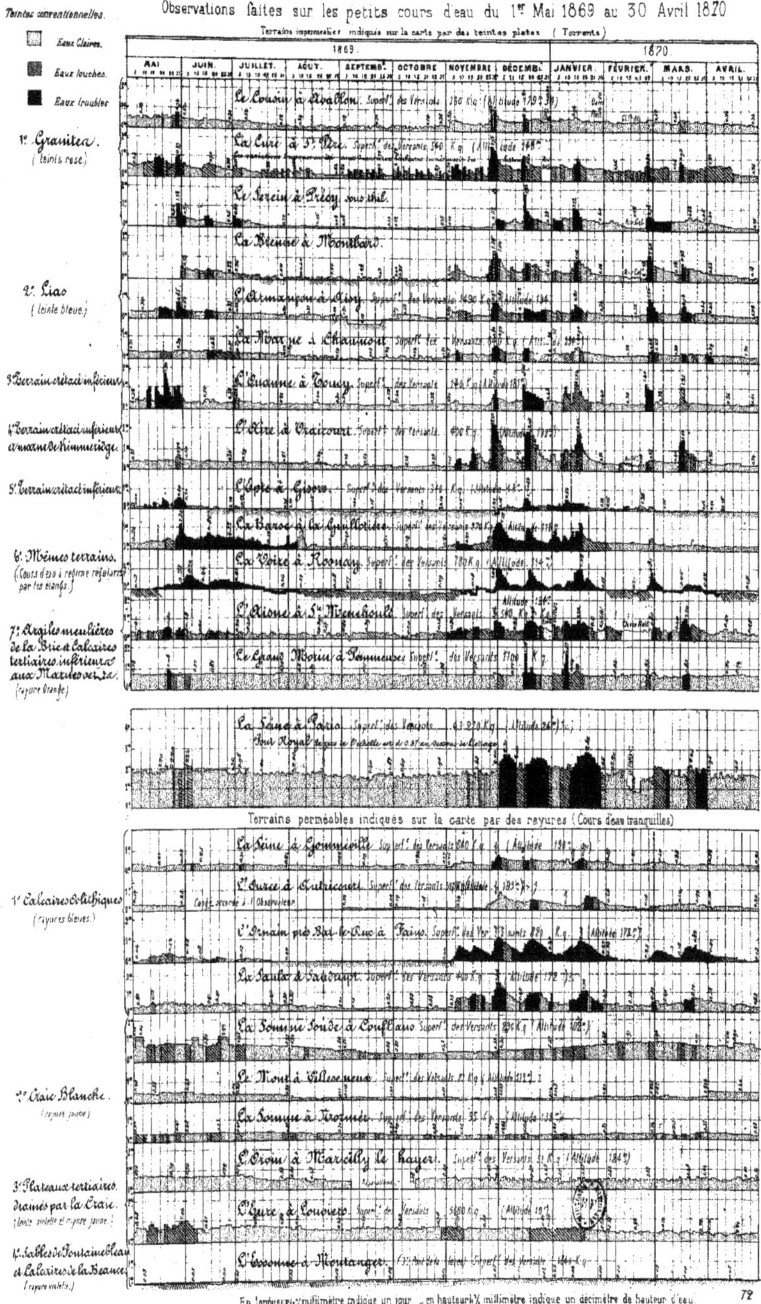

En longueur ½ millimètre indique un jour — en hauteur ½ millimètre indique un décimètre de hauteur d'eau.

SERVICE HYDROMÉTRIQUE DU BASSIN DE LA SEINE.

Observations faites sur les grands cours d'eau du 1er Mai 1869 au 30 Avril 1870

Faisant connaître les relations des crues des divers affluents avec celles du Fleuve.

Teintes conventionnelles.

- Eaux Claires.
- Eaux louches.
- Eaux troubles.

1869 — MAI, JUIN, JUILLET, AOÛT, SEPTEMBRE, OCTOBRE, NOVEMBRE, DÉCEMBRE

1870 — JANVIER, FÉVRIER, MARS, AVRIL

La Seine à Bray — Altitude 53m

Cours d'eau tranquille. Superficie du bassin 9100 Kil. q.

L'Yonne à Clamecy — Altitude 144m

Torrent. Superficie du bassin 886 Kil. q.

L'Yonne à Sens — Altitude 62m

Riv. torrentielle. Voir sur la feuille des petits cours d'eau, le Cousin, la Cure. Superf. du bassin 10820 Kil. q.

La Seine à Montereau — Altitude 46m

Perturbations produites dans le régime par les eaux de l'Yonne. Superf. du bassin 21614 Kil. q.

Le Loing à Nemours — Altitude 57m

Rivière torrentielle. Voir sur la feuille des petits cours d'eau, l'Ouanne. Superf. du bassin 3855 Kil. q.

La Marne à St Dizier — Altitude 131m

Riv. torrentielle. Voir sur la feuille des petits cours d'eau, la Marne à Chaumont. Superf. du bassin 2360 Kil. q.

La Marne à la Chaussée — Altitude 87m

Influence modératrice des terrains Oolithiques et du Néocomien ... (Voir sur la feuille des petits cours d'eau l'Ornain et la Saulx à Sermaize.) Superf. du bassin 5560 Kil. q.

La Marne à Chalifert — Altitude 38m

Perturbations produites par les Argiles de la Brie. (Voir sur la feuille des petits cours d'eau l'Ourcq à Lizy.) Superf. du bassin 12018 Kil. q.

Eaux tièdes / Eaux fraîches / Eaux froides.

Note : La courbe en trait plein indique la température de la Seine à Paris. La courbe en pointillé indique la température de l'atmosphère à St Maur (moyenne des maxima et minima).

De 24 à 68° eaux des sources de la banlieue de Paris. De 27 à 36° eaux des terrains tertiaires voisins de la Champagne.

Invariabilité sur la hauteur du coefficient ...

La Seine à Paris, Pont Royal. — Altitude 24m

Modification du régime produite par la Marne.

Le zéro de l'échelle à 0m.57 au dessous de l'étiage. Superf. des versants ... 43868 K. q.

La Seine à Paris, Pont d'Austerlitz.

Modification du régime produite par la Marne.

L'Aisne à Pontavert. — Altitude 48m

A la sortie de la Champagne. Riv. torrentielle. Voir sur la feuille des petits cours d'eau l'Aire à ... et l'Aisne à St Menehould. Superf. du bassin 5300 K. q.

L'Oise à Venette près Compiègne. — Altitude 27m

Superf. du bassin 12038 Kil. q.

La Seine à Poissy. — Altitude 17m

Le régime du fleuve ne varie plus jusqu'à Rouen, point où la marée commence à se faire sentir. Superf. du bassin 64000 Kil. q.

La Seine à Mantes. — Altitude 13m

C'est d'après la cote de Mantes qu'on règle chaque jour à Rouen le tirant d'eau des bateaux qui remontent la Seine. (Le zéro de l'échelle est à 0m.60 au dessous de l'étiage.) Superf. du bassin 65400 K. q.

En longueur, 1 millimètre indique un jour. — en hauteur, 1 millimètre indique un décimètre de hauteur d'eau.

www.ingramcontent.com/pod-product-compliance
Ingram Content Group UK Ltd.
Pitfield, Milton Keynes, MK11 3LW, UK
UKHW020304180726
13839UKWH00001B/364

9 782329 498584